CHIMIE

(MÉTALLOÏDES)

A L'USAGE DES ÉLÈVES

DES CLASSES DE SECONDE C ET D

PAR

J. BASIN

PROFESSEUR AGRÉGÉ AU LYCÉE DE LILLE

NEUVIÈME ÉDITION

REFONDUE

et conforme au programme du 4 mai 1912.

PARIS

LIBRAIRIE VUIBERT

63, BOULEVARD SAINT-GERMAIN, 63

—

1914

CHIMIE

DU MÊME AUTEUR

Volumes 19/13^m, brochés et cartonnés toile.

Physique et Chimie élémentaires (1er Cycle, Division B) :

	Br.	Cart.
Physique élémentaire (cl. de 4e B)	1 50	» »
Chimie élémentaire (cl. de 4e B)	1 25	» »
Les deux parties réunies.	» »	2 50
Physique élémentaire (cl. de 3e B)	1 50	» »
Chimie élémentaire (cl. de 3e B)	1 25	» »
Les deux parties réunies.	» »	2 50
Physique élémentaire (cl. de 4e et 3e B)	» »	3 »
Chimie élémentaire (cl. de 4e et 3e B)	» »	2 25

Physique et Chimie (2e Cycle, Sections scientifiques) :

		Br.	Cart.
Physique	(cl. de Seconde C et D)	2 50	3 »
—	(cl. de Première C et D)	3 50	4 »
—	(cl. de Mathématiques)	3 »	3 50
Chimie	(cl. de Seconde C et D)	1 80	2 25
—	(cl. de Première C et D)	1 90	2 40
—	(cl. de Mathématiques)	2 50	3 »

Éléments de Physique et de Chimie (2e Cycle, Sect. littéraires) :

			Br.	Cart.
Éléments de Physique (cl. de 2e A et B) . . .	} Progr. {		1 60	2 »
— — (cl. de 1re A et B) . .	} de {		1 50	1 90
— — (cl. de Philosophie) . .	} 1902 {		3 »	3 50
Éléments de Chimie (cl. de Philosophie)			3 »	3 50

Les ouvrages suivants de M. Basin, qui répondaient aux programmes du 15 juin 1891 pour l'enseignement moderne (mais avec des compléments), continueront à être réimprimés, à cause du large emploi qui en est fait en dehors de l'enseignement secondaire.

	Br.	Cart.
Leçons de Chimie. — Un fort vol. 19/13^m	8 »	8 50

On vend séparément :

	Br.	Cart.
Métalloïdes (14e édit.) : classe de 3e moderne. . . .	2 50	3 »
Métaux (13e édit.) : classe de 2e moderne.	2 — »	2 50
Chimie générale, Chimie organique, Analyse chimique (10e édition) : classe de Première-Sciences.	3 50	4 »

	Br.	Cart.
Leçons de Physique. — 3 vol. 19/13^m, ensemble. . .	10 »	10 50

On vend séparément :

	Br.	Cart.
Pesanteur, Hydrostatique, Chaleur (11e édit.) : classe de 3e moderne.	2 50	3 »
Acoustique, Optique, Électricité et Magnétisme (11e édition) : classe de Seconde moderne. . . .	3 »	3 50
Compléments (3e édit.) : cl. de Première-Sciences. .	5 »	5 50
La partie *Électricité* seule, extraite du précédent volume.	3 »	» »

CHIMIE

(MÉTALLOÏDES)

A L'USAGE DES ÉLÈVES

DES CLASSES DE SECONDE C ET D

PAR

J. BASIN

PROFESSEUR AGRÉGÉ AU LYCÉE DE LILLE

NEUVIÈME ÉDITION

REFONDUE

et conforme au programme du 4 mai 1912.

PARIS

LIBRAIRIE VUIBERT

63, BOULEVARD SAINT-GERMAIN, 63

1914

CHIMIE

MÉTALLOÏDES

CHAPITRE I

EAU

Formule (¹) : H²O.   Poids moléculaire (¹) : 18.

1. État naturel. — L'eau est un des corps les plus
répandus dans la nature. On la trouve à l'état libre sous
les trois états solide, liquide et gazeux. Solide, elle constitue la glace et la neige ; liquide, elle forme les mers, les
cours d'eau et les lacs ; enfin elle existe en quantité variable
à l'état de vapeur invisible dans l'atmosphère. La présence
de la vapeur d'eau dans l'air est manifestée par sa préci-
pitation à l'état liquide, sous forme de buée, sur les corps
froids, comme une vitre en hiver ou une carafe d'eau bien
fraîche. Les brouillards et les nuages proviennent du refroidissement de masses d'air provoquant la condensation de
leur vapeur d'eau invisible à l'état de petits globules
liquides.

(¹) Bien que nous ne les définissions que plus loin (61 et 68), nous
donnons dès maintenant les symboles ou formules des corps étudiés,
ainsi que leurs poids atomiques ou moléculaires (65 et 68). Chaque
symbole ou formule représente un certain poids du corps, qui est
son poids atomique ou moléculaire, selon que le corps est simple ou
composé.

L'eau existe aussi dans beaucoup de corps : c'est elle, par exemple, qui en se vaporisant fait éclater avec bruit (*décrépiter*) les cristaux de sel marin chauffés ; la pierre à plâtre en contient aussi, que l'on chasse par la chaleur pour fabriquer le plâtre ; etc.

Enfin c'est une partie constitutive essentielle des êtres vivants, qui en contiennent une très forte proportion.

2. Eau pure. — Si l'on compare plusieurs échantillons d'eaux naturelles de provenances diverses, on constate facilement qu'ils ne sont pas identiques. Leur saveur et leur densité diffèrent souvent sensiblement, comme aussi leurs points d'ébullition et de congélation. En les chauffant au-dessous du point d'ébullition, il s'en dégage des gaz en quantités variables et de propriétés diverses. Si on les fait évaporer, ils laissent un dépôt plus ou moins abondant de matières solides. Enfin, en y ajoutant de certains corps (azotate d'argent, chlorure de baryum, permanganate de potassium, eau de savon, etc.), on observe des phénomènes différents.

L'eau naturelle contient donc des proportions variables de divers autres corps. Pour la débarrasser de ces corps, il suffit de la distiller convenablement. Les corps plus volatils que l'eau traversent le serpentin sans s'y condenser, tandis que ceux qui sont moins volatils restent dans l'alambic. On obtient ainsi de l'eau *pure*, toujours identique, ne contenant plus de gaz ni de matières solides et qu'on ne peut plus subdiviser en d'autres corps sans modifier ses propriétés.

Distillation de l'eau. — L'eau soumise à la distillation est chauffée dans un alambic en cuivre communiquant avec un serpentin entouré d'eau froide constamment renouvelée (*fig.* 1). La vapeur d'eau provenant de l'alambic se condense dans ce serpentin et est recueillie dans un vase

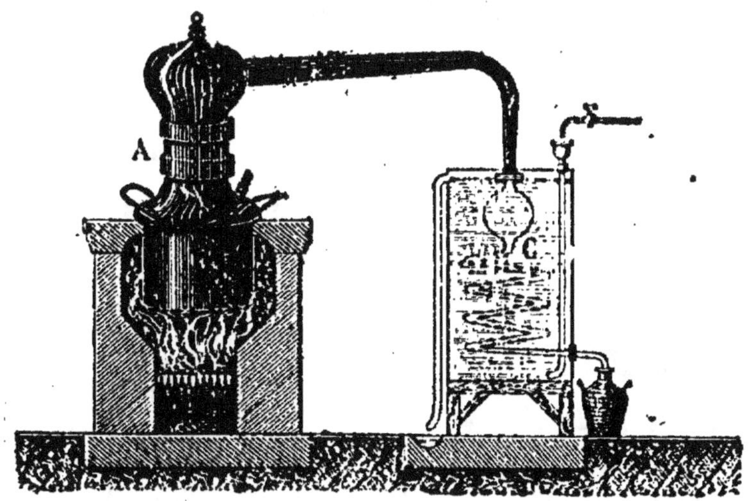

Fig. 1. — Distillation de l'eau.

extérieur. Il faut arrêter la distillation quand on a recueilli les 3/4 environ de l'eau chauffée, afin d'éviter la production de gaz qui pourraient provenir des corps étrangers restant dans l'alambic.

Une telle distillation, où l'on ne recueille qu'une *fraction*, qu'une partie déterminée du liquide, s'appelle une distillation *fractionnée*.

3. Analyse de l'eau par le voltamètre. — Faisons traverser de l'eau par un courant électrique. Pour cela, nous la mettrons dans un appareil appelé *voltamètre*, qui peut avoir diverses formes. Ce sera, par exemple (*fig.* 2), un vase de verre dont le fond est traversé par deux lames métalliques (généralement en platine, métal peu altérable).

Sur l'extrémité supérieure de chacune de ces lames, appelées *électrodes*, nous renverserons une petite éprouvette pleine d'eau. Les extrémités inférieures, aboutissant hors du vase, seront mises en relation avec les pôles d'une source d'électricité. L'eau pure étant isolante, ne se laissant pas traverser par le courant, nous aurons soin d'ajouter une petite quantité d'un corps blanc appelé *soude caustique*, qui la rendra conductrice.

Fig. 2. — Analyse de l'eau par le voltamètre.

Dès qu'on fait passer le courant, on voit les électrodes se recouvrir de bulles de gaz, qui grossissent, puis se détachent, montant au sommet des éprouvettes, où le gaz se rassemble. Au bout d'un certain temps, les volumes de gaz sont suffisants pour qu'on puisse constater, après arrêt du courant, qu'il s'est dégagé à l'électrode positive ou *anode* (celle par où entre le courant, celle qui est reliée au pôle positif de la source d'électricité) un volume exactement moitié de celui qui s'est dégagé à l'électrode négative ou *cathode*; et il en est toujours ainsi, quelle que soit la durée de l'expérience.

Les gaz dégagés aux deux électrodes sont différents. On peut le constater facilement. Celui qui se dégage à la cathode, celui qui a un volume double, est combustible : il brûle avec une flamme pâle dès qu'on en approche une allumette enflammée. On l'appelle *hydrogène*. Celui qui se dégage à l'anode ne brûle pas; mais si on y plonge une allumette présentant encore un point rouge, elle s'y rallume aussitôt et brûle avec plus d'éclat que dans l'air. On appelle ce gaz *oxygène*.

Si on poursuivait assez longtemps l'expérience, on verrait l'eau du voltamètre diminuer peu à peu, au fur et à mesure que se produisent de l'oxygène et de l'hydrogène. Elle s'est donc transformée en ces gaz, qui ne peuvent en aucune façon provenir de la soude ajoutée, car après la disparition d'une quantité quelconque d'eau, on retrouvera le poids initial de soude.

Cette sorte de division de l'eau en d'autres corps s'appelle une *décomposition*; l'eau est dite *composée* d'oxygène et d'hydrogène [1]:

$$H^2O = 2H + O.$$
eau   hydrogène oxygène

Dans l'expérience précédente on a fait l'*analyse* de l'eau : on analyse un corps quand on le décompose en d'autres corps.

4. Synthèse de l'eau par l'eudiomètre. — L'*eudiomètre* (*fig.* 3) est un tube de verre résistant, gradué, ouvert à une extrémité et fermé à l'autre, dont les parois sont traversées par deux fils de platine se terminant en regard l'un de l'autre, à une faible distance. Le tube étant rempli de mercure, on le renverse sur une cuve à mercure. On y introduit un certain volume d'oxygène, puis un volume double d'hydrogène, à l'aide d'éprouvettes pleines de ces gaz que l'on retourne, l'ouverture vers le haut, sous l'extrémité inférieure de l'eudiomètre.

---

[1] Bien que nous ne les définissions que plus loin (71), nous écrirons dès maintenant les formules des réactions.

L'aspect de la masse gazeuse que contient alors l'eudiomètre ne diffère pas de celui de l'oxygène ou de l'hydrogène pris séparément. Le volume de cette masse gazeuse
est égal à la somme des volumes des gaz introduits, soit
trois fois le volume de l'oxygène. On a là un *mélange*, c'est-à-dire une juxtaposition de corps gardant leurs propriétés particulières, entre lesquelles les propriétés de l'ensemble sont intermédiaires.

Si, à l'aide d'une source électrique, d'une bobine de Ruhmkorff par exemple, on fait jaillir une étincelle

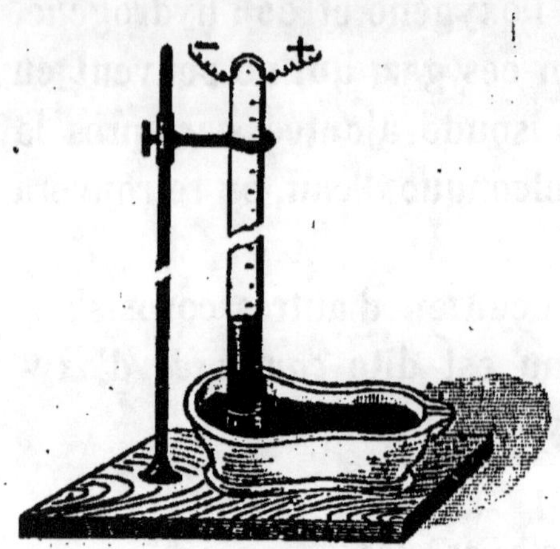

Fig. 3. — Synthèse de l'eau dans l'eudiomètre.

entre les fils de l'eudiomètre, on constate un changement
brusque. Il se produit dans le tube une flamme accompagnée d'une détonation, et un dégagement de chaleur se
manifeste. Le mercure, d'abord repoussé, remonte presque
aussitôt et semble remplir tout le tube. En examinant mieux
sa surface, on y peut découvrir quelques gouttelettes d'eau.

Dans cette expérience, on a fait la *synthèse* de l'eau, on
l'a recomposée à l'aide d'oxygène et d'hydrogène. On est
sûr maintenant qu'elle n'est formée que de ces deux corps.
L'analyse le faisait bien prévoir, mais sans en donner une
certitude complète, positive : car on pouvait craindre, mal-
gré tous les soins d'observation, la disparition inaperçue
d'un autre composant.

Pour distinguer l'état des deux composants dans l'eau
de celui où ils étaient lors de leur simple mélange, on dit

qu'ils se sont *combinés,* que l'eau est une *combinaison* d'un volume d'oxygène avec deux volumes d'hydrogène. Dans cet état de combinaison, les composants présentent des propriétés très différentes de celles qu'ils avaient quand ils étaient simplement mélangés.

On remarquera que les combinaisons et décompositions s'accompagnent en général de phénomènes calorifiques, électriques, etc. Ainsi la chaleur dégagée lors de la formation de l'eau transforme cette eau en vapeur très chaude qui repousse d'abord le mercure de l'eudiomètre ; le voltamètre absorbe au contraire de l'énergie électrique pour décomposer l'eau. Dans le simple mélange des deux gaz il ne se produit rien de semblable, et il est facile de séparer les constituants.

Quand on fait combiner l'oxygène et l'hydrogène, on dit aussi que l'on fait *réagir* ces gaz l'un sur l'autre. Une *réaction* est *lente* ou *vive* selon que la combinaison s'effectue en plus ou moins de temps. Ainsi la combinaison dans l'eudiomètre est une réaction très vive. Comme les changements calorifiques ou électriques qui accompagnent une réaction sont d'autant plus manifestes que la réaction est plus vive, on appelle souvent réactions vives celles où ces changements sont le plus sensibles, sans s'occuper de la durée du phénomène.

REMARQUE I. — Si on avait mis dans l'eudiomètre 1 volume d'oxygène et plus de 2 d'hydrogène, il ne se serait combiné, pour former de l'eau, que 2 volumes de ce dernier gaz, et l'excédent serait resté libre. De même, si pour 2 volumes d'hydrogène on avait employé plus de 1 volume d'oxygène, le surplus serait resté libre. Cela montre que l'eau est formée par la combinaison de proportions bien déterminées d'oxygène et d'hydrogène.

Comme la réaction est très violente et que le mercure vient

heurter brusquement le fond de l'eudiomètre quand on prend 1 vol. d'oxygène pour 2 d'hydrogène, on emploie en général, pour éviter la rupture de l'appareil, d'autres proportions, par exemple des volumes égaux des deux gaz, quitte à absorber ensuite l'oxygène restant par le phosphore.

REMARQUE II. — Si on maintient (*fig.* 4) l'eudiomètre à une température égale ou supérieure à 100°, l'eau formée

Fig. 4. — Synthèse de l'eau dans l'eudiomètre à plus de 100°.

y reste à l'état de vapeur, et on constate que le volume de cette vapeur est exactement le même que celui de l'hydrogène combiné, soit 2 volumes pour 1 d'oxygène.

REMARQUE III. — L'analyse et la synthèse précédentes établissent la composition de l'eau en *volume*. Connaissant cette composition, on en déduit le rapport des poids d'hydrogène et d'oxygène qui entrent dans une quantité d'eau déterminée, sans avoir recours à l'expérience. En effet, l'hydrogène pesant à volume égal 16 fois moins que l'oxygène, 2 volumes d'hydrogène pèsent 8 fois moins que 1 volume d'oxygène. On en déduit que la proportion cherchée est 1/8. Par exemple, pour 2 g. d'hydrogène, 16 g. d'oxygène entrent en combinaison et il en résulte la formation de 18 g. d'eau. — Dumas a trouvé par l'expérience que 100 parties d'eau renferment en poids 11,11 parties d'hydrogène et 88,89 d'oxygène (12).

5. Propriétés physiques. — Il est facile d'observer l'eau sous les trois états solide, liquide et gazeux.

Eau liquide. — L'eau est liquide à la température ordinaire ; elle est transparente, inodore et sans saveur ; elle est incolore sous une faible épaisseur, mais paraît bleue ou verdâtre quand on l'observe en grande masse.

Le poids d'un centimètre cube d'eau à la température de 4° est plus grand qu'à toute autre température ; il est, à très peu de chose près, égal à l'unité de poids, appelée *gramme*.

C'est, de tous les corps (à l'exception de l'hydrogène), celui qui a la plus forte chaleur spécifique, c'est-à-dire qui demande le plus de chaleur pour subir une élévation de température donnée. Il faut 1 *grande calorie* pour échauffer 1 kg d'eau de 0° à 1°.

Eau solide. — Refroidie suffisamment, l'eau se solidifie ; on dit qu'elle se *congèle.* Cette solidification est accompagnée d'une notable augmentation de volume (qui détermine la rupture des vases, même les plus résistants, remplis d'eau et fermés hermétiquement). L'eau solide ou *glace* est donc plus légère que l'eau. La glace est constituée par la réunion d'un grand nombre de petits cristaux étoilés ; la neige et le givre sont formés de cristaux

Fig. 5. — Cristaux de neige.

plus grands (*fig.* 5). Aux pressions atmosphériques ordinaires, la glace fond à une température qui a été choisie pour degré 0 du thermomètre centigrade.

Vapeur d'eau. — L'eau émet des vapeurs à toutes les températures, qu'elle soit liquide ou solide ; c'est ainsi que, l'hiver, de la glace disparaît peu à peu sans fondre. La tension maximum de la vapeur d'eau augmente rapidement avec la température. Si on chauffe progressivement de l'eau à l'air libre, on voit l'évaporation augmenter. Quand la tension de la vapeur dépasse un peu la pression de l'atmosphère, au lieu de se former uniquement sur la surface libre, la vapeur prend aussi naissance au-dessous de cette surface et se dégage en bulles qui traversent l'eau : il y a ébullition. Sous la pression de 76 cm de mercure, l'eau entre en ébullition à une température qu'on a adoptée pour degré 100 du thermomètre centigrade. La vapeur d'eau occupe à 100° un volume environ 1 700 fois plus grand que le volume de l'eau liquide qui l'a formée.

6. Propriétés chimiques. — L'eau peut être décomposée par divers corps : carbone, potassium, fer, etc.

Si on éteint des charbons rouges (le charbon est du *carbone* presque pur) sous une cloche remplie d'eau (*fig.* 6),

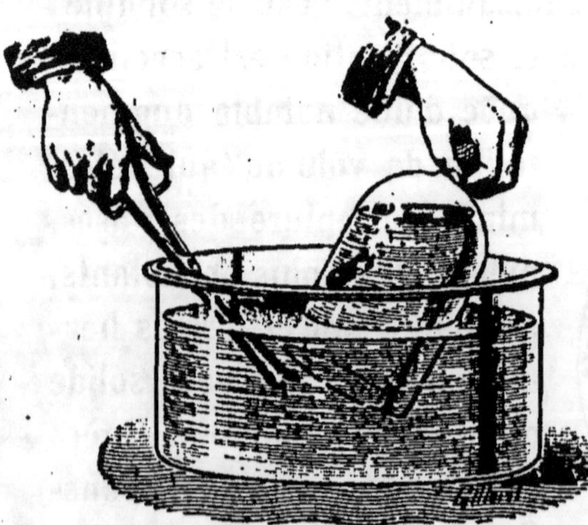

FIG. 6. — Décomposition de l'eau par le carbone.

il se rassemble au sommet de la cloche un mélange de

trois gaz: l'hydrogène, le gaz carbonique et un second composé de carbone et d'oxygène, appelé oxyde de carbone. Le carbone fixe donc l'oxygène de l'eau, c'est-à-dire se combine avec lui.

Le *potassium* et le *sodium* sont des métaux mous que l'on conserve dans du pétrole. Ces métaux décomposent l'eau à la température ordinaire ; ils s'emparent aussi de son oxygène et mettent l'hydrogène en liberté.

Jetons un fragment de potassium sur l'eau contenue dans un vase à bords élevés. Le métal, plus léger que l'eau, se maintient à sa surface en la décomposant (*fig.* 7); il tournoie rapidement, en même temps que l'hydrogène dégagé s'enflamme et brûle avec une flamme violacée (coloration due au potassium). Il se forme un composé, la potasse, qui, à un moment donné, se dissout brusquement dans l'eau en projetant des fragments de tous côtés.

Fig. 7. — Décomposition de l'eau par le potassium.

On peut faire la même expérience avec le sodium, qui se déplace rapidement aussi sur l'eau ; mais la chaleur dégagée par la réaction n'est pas suffisante pour enflammer l'hydrogène. Il se forme en ce cas de la soude.

Le *fer* ne décompose l'eau que s'il est chauffé au rouge ; il s'unit alors à l'oxygène pour former de l'oxyde magnétique de fer, tandis que l'hydrogène est mis en liberté :

$$3Fe + 4H^2O = Fe^3O^4 + 8H^2.$$

fer   eau   oxyde   hydro-
magnétique   gène
de fer

On peut ainsi préparer de l'hydrogène en faisant passer un

courant de vapeur d'eau dans un tube de porcelaine chauffé
au rouge et contenant du fer sous forme de fils (pour offrir
une plus grande surface).

Certains métaux, notamment le mercure, l'or et l'argent, ne décomposent l'eau à aucune température.

L'eau se combine, en dégageant une quantité de chaleur souvent considérable, avec divers autres corps. Ainsi,
avec l'anhydride sulfurique, composé de soufre et d'oxygène, elle forme de l'acide sulfurique :

$$SO^3 + H^2O = SO^4H^2.$$

anhydride   acide
sulfurique   sulfurique

De même, avec l'oxyde de sodium, constitué de sodium
et d'oxygène, elle donne de la soude caustique :

$$Na^2O + H^2O = 2NaOH.$$

oxyde   soude
de   caustique
sodium

Enfin elle entre dans la composition de certains corps sans
former de combinaisons réelles, car par une élévation de température on peut l'éliminer sans modifier les propriétés chimiques de ces corps.

On appelle *eau de cristallisation* l'eau qui joue ce rôle dans
les corps cristallisés. Ainsi le carbonate de sodium, formé de
sodium, d'oxygène et de carbone, donne avec de l'eau les
cristaux qui servent au lessivage :

$$CO^2Na^2 + 10H^2O = CO^3Na^2, 10H^2O.$$

carbonate   cristaux.
de sodium.

7. Propriétés dissolvantes de l'eau. — L'eau dissout les *gaz* en quantité plus ou moins grande. L'ammoniac, le gaz sulfureux, l'acide chlorhydrique et quelques
autres sont très solubles ; certains, comme l'hydrogène, ne
le sont presque pas.

Quand un gaz est en contact avec un volume d'eau donné à une température constante, le volume de gaz qui se dissout, mesuré à cette température et à la pression que possède le gaz, est constant ; mesuré sous pression constante, ce volume est proportionnel à la pression du gaz : ainsi, en employant du gaz carbonique à une pression de plusieurs atmosphères pour fabriquer de l'eau de Seltz, on fait absorber un nombre de fois correspondant la quantité de gaz qui est absorbable à la pression ordinaire. Si un mélange de plusieurs gaz est en contact avec l'eau, chacun se dissout selon la pression propre qu'il a dans le mélange. La solubilité des gaz diminue quand la température s'élève et s'annule à l'ébullition.

On peut remarquer que les gaz très peu solubles dans l'eau sont en général très difficiles à liquéfier.

Pour constater la présence des gaz dissous dans l'eau ordinaire, on remplit complètement de ce liquide un ballon ainsi que son tube à dégagement, et on fait aboutir celui-ci à une éprouvette pleine de mercure et reposant sur la cuve à mercure (*fig.* 8). Si on chauffe l'eau du ballon jusqu'à l'ébullition, les gaz qui s'y trouvent en dissolution se dégagent et se rassemblent au sommet de l'éprouvette.

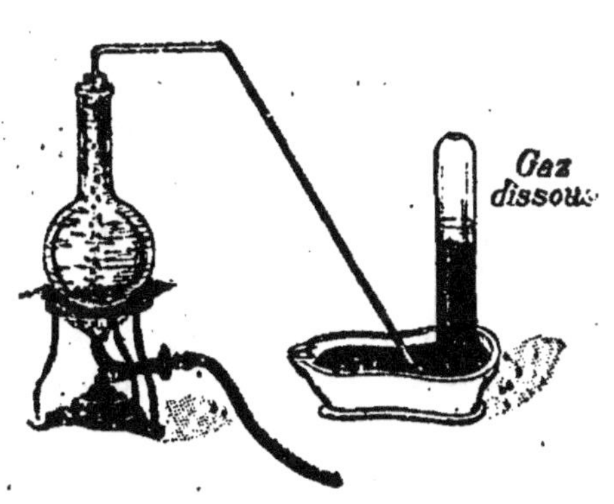

Fig. 8. — Extraction des gaz dissous dans l'eau.

L'eau peut se mélanger en toutes proportions avec divers *liquides*, l'alcool par exemple, alors que d'autres n'y sont solubles que dans des proportions déterminées. On peut en général extraire de l'eau les liquides dissous au moyen de distillations fractionnées (2), en recueillant à part les liquides bouillant à telle ou telle température.

Les *solides* se dissolvent aussi dans l'eau de façons très

diverses : les uns sont très solubles et d'autres ne le sont pratiquement pas. La solubilité croît, pour la plupart, avec la température, de sorte que si l'on refroidit une solution saturée d'un de ces corps (c'est-à-dire ayant dissous tout ce qu'elle pouvait), une partie se dépose à l'état solide. Quelques corps, comme le sel de cuisine, sont à peu près aussi solubles à toute température. D'autres enfin peuvent se dissoudre en plus grande proportion à une température déterminée qu'à toute autre: le sulfate de sodium, par exemple, a son maximum de solubilité à 33°. On sépare les solides dissous soit en modifiant la température (si la solubilité se modifie en même temps), soit en évaporant à sec, c'est-à-dire jusqu'à ce qu'il ne reste plus trace de liquide.

8. Eau oxygénée ($H^2O^2 = 34$). — L'eau oxygénée est une combinaison d'hydrogène et d'oxygène dans laquelle il y a 16 g. d'oxygène pour 1 g. d'hydrogène.

On la prépare en traitant le bioxyde de baryum par l'acide fluorhydrique.

C'est un liquide incolore, d'une saveur métallique désagréable. Elle se décompose facilement en eau et oxygène, ce qui en fait un oxydant énergique.

On emploie l'eau oxygénée pour blanchir la soie, la paille, les plumes, l'ivoire, pour décolorer les jus sucrés. Elle décolore les cheveux et les fait passer du brun au blond. Très étendue, elle sert à restaurer les peintures qui ont été noircies par l'acide sulfhydrique. En médecine, on utilise l'eau oxygénée comme antiseptique.

RÉSUMÉ DU CHAPITRE I

L'*eau* est un des corps les plus répandus dans la nature, non seulement à l'état libre (mers, cours d'eau, glace, vapeur d'eau, etc.), mais aussi comme constituant de nombreuses substances (êtres vivants, plâtre, etc.).

On l'obtient *pure*, débarrassée des solides et gaz qu'elle contient naturellement, par distillation fractionnée.

L'eau est une *combinaison* d'hydrogène et d'oxygène. L'hydrogène se combine avec la moitié de son volume d'oxygène et forme un volume de vapeur d'eau égal au sien. On vérifie la composition en volume en décomposant l'eau par un courant électrique (*analyse par le voltamètre*), ou en enflammant un mélange de 2 volumes d'hydrogène et 1 volume d'oxygène (*synthèse* dans l'eudiomètre). Le rapport des poids d'hydrogène et d'oxygène qui forment une quantité d'eau déterminée est 1/8.

L'eau est bleue ou verdâtre en grande masse. Le poids d'un centimètre cube d'eau à 4° (maximum de densité) est, à très peu de chose près, égal à l'unité de poids (gramme). L'eau augmente de volume en se solidifiant. Son point de fusion et son point d'ébullition ont été choisis comme points fixes 0 et 100 du thermomètre. L'eau est décomposée par quelques corps : le carbone, le potassium et le fer s'emparent de son oxygène et mettent l'hydrogène en liberté. Elle se combine avec d'autres corps, comme l'anhydride sulfurique, l'oxyde de sodium, et entre dans la constitution des cristaux (eau de cristallisation).

L'eau absorbe les gaz en proportions qui varient avec leur nature, leur pression et la température (plus à froid qu'à chaud). On les fait dégager en chauffant l'eau.

Divers liquides se mêlent à l'eau en toutes proportions, d'autres se dissolvent en proportions déterminées. On les sépare de l'eau par distillation fractionnée.

Les solides sont en général plus solubles à chaud, mais il y en a qui sont également solubles à toute température (sel de cuisine) et d'autres qui présentent un maximum de solubilité à une température déterminée. On extrait les solides de l'eau par refroidissement, s'ils sont moins solubles à froid, ou par évaporation de l'eau.

L'eau oxygénée contient 16 g. d'oxygène pour 1 g. d'hydrogène. Elle se décompose facilement en eau et oxygène et sert comme oxydant. On l'emploie comme décolorant et comme antiseptique.

CHAPITRE II

HYDROGÈNE

Symbole: H. Poids atomique: 1.

9. État naturel. — L'hydrogène libre ne se rencontre guère dans la nature que dans les gaz qui se dégagent des volcans. A l'état de combinaison, il est au contraire très répandu : il forme la neuvième partie de l'eau (4) ; il entre dans la constitution de tous les êtres vivants et d'une foule de composés minéraux.

10. Préparation. — **Préparation industrielle par l'électrolyse.** — Dans l'industrie, on prépare l'hydrogène en décomposant par un courant électrique (3) l'eau rendue conductrice par de la soude. Les électrodes sont en fer. Le gaz obtenu est, pour la facilité du transport, comprimé à 120 atmosphères dans des cylindres d'acier très résistants contenant jusqu'à 20 litres, ce qui représente $20 \times 120 = 2400$ litres d'hydrogène à la pression ordinaire.

Préparation dans les laboratoires. — On prépare l'hydrogène en faisant agir le zinc du commerce sur l'acide sulfurique étendu d'eau. L'acide sulfurique contient de l'hydrogène ; le zinc prend la place de cet hydrogène : il se forme un composé appelé sulfate de zinc, qui se dissout dans l'eau, et l'hydrogène se dégage :

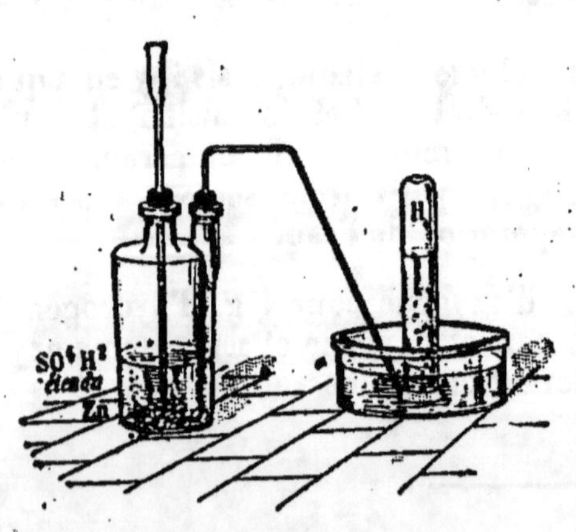

Fig. 9. — Appareil à hydrogène.

$$SO^4H^2 + Zn = SO^4Zn + 2H.$$

acide sulfurique	zinc	sulfate de zinc

On emploie un flacon à deux tubulures (*fig.* 9) : la tubulure centrale est munie d'un tube à entonnoir plongeant jusqu'au fond du flacon, la tubulure latérale porte un tube à dégagement (ou tube *abducteur*) dont l'autre extrémité, recourbée vers le haut, est placée dans un vase plein d'eau. Après avoir introduit dans le flacon du zinc et de l'eau jusqu'au tiers de sa hauteur, on verse peu à peu de l'acide sulfurique par le tube à entonnoir. Une vive effervescence se manifeste aussitôt, et le flacon s'échauffe par suite de la formation du sulfate de zinc. Les premières bulles qui se dégagent sont constituées principalement par l'air que contenait le flacon : on les laisse perdre. L'hydrogène est recueilli dans des éprouvettes préalablement remplies d'eau et renversées sur la cuve à eau au-dessus de l'extrémité du tube abducteur.

On peut, dans cette préparation de l'hydrogène, remplacer l'acide sulfurique par un autre composé, l'acide chlorhydrique ; dans ce cas, au lieu de sulfate de zinc, c'est du chlorure de zinc qui se forme. On peut également remplacer le zinc par du fer.

Appareil de Deville. — L'hydrogène étant d'un emploi fréquent dans les laboratoires, on le prépare souvent avec un appareil monté une fois pour toutes et produisant le gaz à volonté. Cet appareil se compose de deux flacons reliés par les tubulures inférieures à l'aide d'un tube de caoutchouc (*fig.* 10). L'un des flacons reçoit de l'acide chlorhydrique étendu d'eau ; l'autre contient du zinc disposé sur un lit de verre cassé, et son goulot porte un tube à dégagement muni d'un robinet.

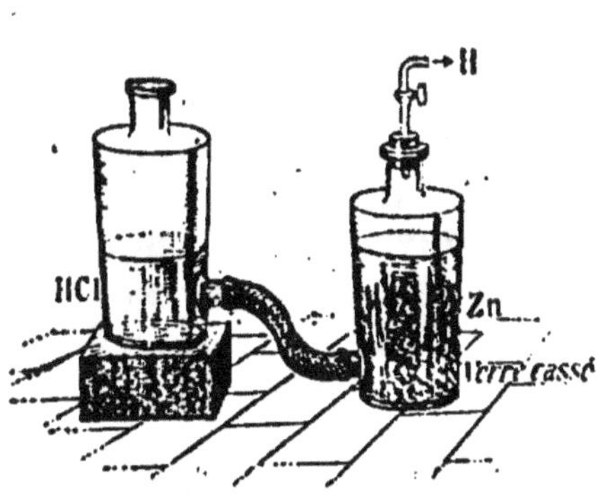

Fig. 10. — Appareil de Deville.

Si l'on ouvre le robinet, l'acide pénètre dans ce dernier flacon et, au contact du zinc, dégage de l'hydrogène. Quand on le ferme, l'hydrogène ne pouvant plus s'échapper, refoule le liquide acide par le tube en caoutchouc, ce qui met un terme au dégagement.

On peut encore, comme on l'a vu (6), préparer l'hydrogène en décomposant la vapeur d'eau par le fer au rouge.

11. Propriétés physiques. — L'hydrogène est un gaz incolore, inodore et sans saveur ([1]). Il est presque insoluble dans l'eau : il ne s'en dissout que 19 cm³ dans 1 litre d'eau à 0° (nous avons vu qu'on peut le recueillir sur l'eau sans qu'il soit absorbé).

Il conduit la chaleur beaucoup mieux que tous les autres gaz. C'est le corps qui a la plus forte chaleur spécifique.

C'est le plus léger de tous les gaz ; un litre d'hydrogène pèse 14 fois moins qu'un litre d'air (1 l. d'hydrogène ([2]) pèse 0 g, 0898 et 1 l. d'air 1 g, 293).

Cette légèreté de l'hydrogène peut être mise facilement en évidence : une éprouvette pleine de ce gaz le conserve quelque temps si on la maintient verticalement l'ouverture en bas, tandis qu'elle n'en renferme bientôt plus si on la tient l'ouverture en haut. Si en effet on présente une flamme à l'ouverture de la première éprouvette, le gaz s'enflamme, tandis que la flamme n'a pas d'effet sur le gaz de la seconde éprouvette. On comprend qu'on puisse transvaser de l'hydrogène d'une éprouvette A dans une autre B ne contenant que de l'air, comme le montre

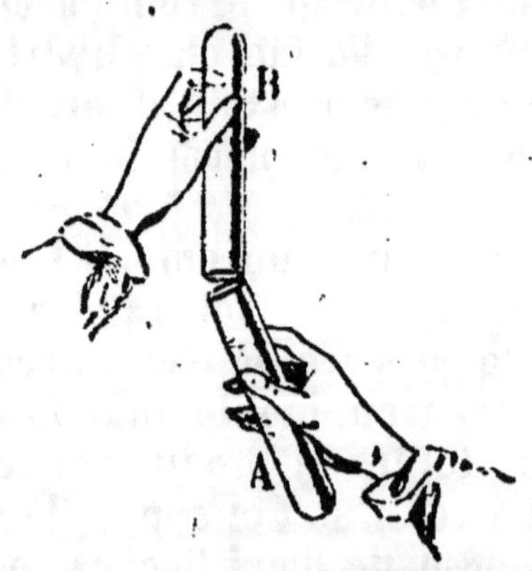

Fig. 11. — Transvasement de l'hydrogène.

([1]) La constatation de ces deux dernières propriétés ne doit être faite que sur du gaz *pur*, l'hydrogène préparé avec des substances impures étant mélangé à des corps qui le rendent très dangereux à respirer.

([2]) On ne peut pas parler de volume d'un gaz qu'autant que l'on connaît les conditions de pression et de température dans lesquelles il est mesuré. Quand on ne les indique pas, comme dans le cas présent, on sous-entend que le volume est mesuré dans les conditions *normales*, c'est-à-dire à la température de 0° et sous la pression de 76 cm de mercure.

la figure 11. On peut, en trempant l'extrémité du tube abducteur dans de l'eau de savon, faire des bulles qui s'élèvent rapidement.

L'hydrogène est *très diffusible,* c'est-à-dire qu'il traverse facilement les cloisons poreuses, le papier, etc.

Fermons une éprouvette pleine d'hydrogène avec une feuille de papier, puis retournons-la (*fig.* 12): le gaz traverse le papier et nous pourrons l'enflammer au-dessus de l'éprouvette.

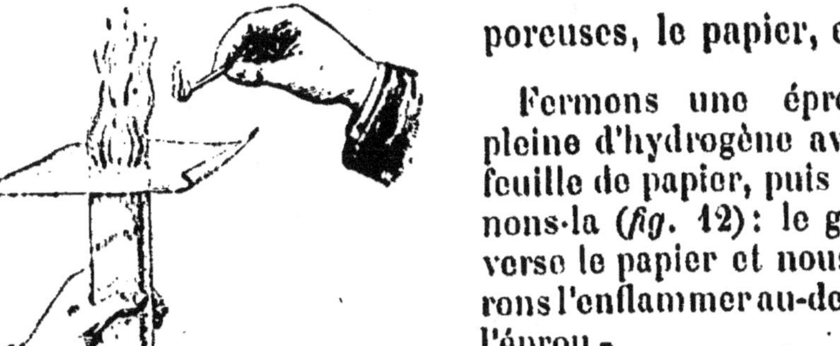

Fig. 12. — Diffusion de l'hydrogène à travers le papier.

Fermons par un bouchon un vase poreux de pile renversé et traversons le bouchon par un tube courbé en U dans sa partie inférieure et contenant un liquide coloré (*fig.* 13). Si nous coiffons ce vase d'une cloche où arrive de l'hydrogène, aussitôt le liquide se dénivelle, indiquant une augmentation de pression à l'intérieur du vase poreux. En effet, l'hydrogène et l'air tendent chacun à se répandre à travers la cloison poreuse, dans l'espace qu'il n'occupe pas. Mais l'hydrogène traverse cette cloison plus vite que l'air : il en entre dans le vase plus qu'il ne sort d'air; d'où surpression. La dénivellation cesse de croître, puis diminue, pour devenir nulle quand tout l'air est sorti. Si ensuite on enlève la cloche, on constate le phénomène inverse. L'hydrogène s'échappant du vase poreux plus vite que l'air n'y rentre, il s'y produit un vide relatif qui dure jusqu'à

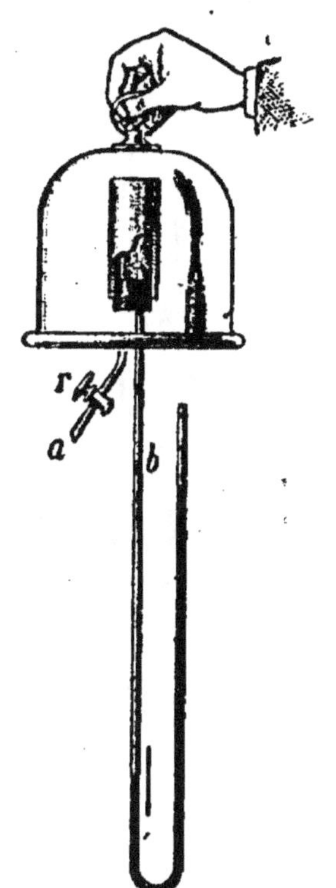

Fig. 13. — Diffusion de l'hydrogène à travers un vase poreux.

ce que tout l'hydrogène ait été remplacé par de l'air à la pression extérieure.

La diffusibilité de l'hydrogène est d'ailleurs une preuve indirecte de sa légèreté. Les gaz les plus diffusibles sont en effet les plus légers [1].

L'hydrogène exige une très basse température pour se liquéfier : sa température critique est — 220°, c'est-à-dire qu'à une température supérieure il n'est liquide sous aucune pression, si forte soit-elle ; il bout à — 252° [2].

12. Propriétés chimiques. — L'hydrogène est un gaz *combustible* ; il brûle avec une flamme pâle très chaude ; le produit de la combustion est de la vapeur d'eau :

$$2H + O = H^2O.$$

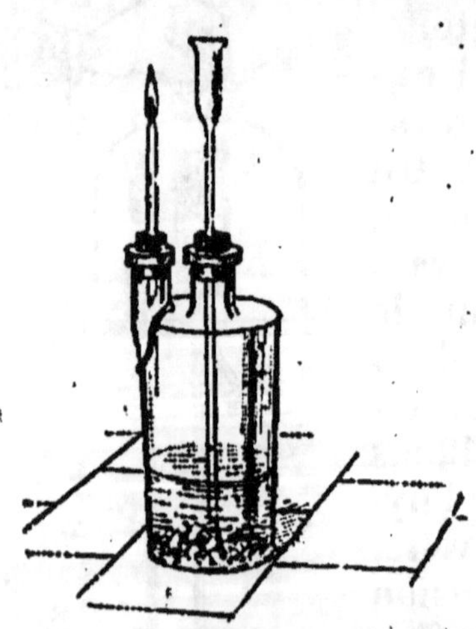

Fig. 14. — Combustion continue de l'hydrogène.

Pour effectuer cette combustion d'une manière continue, on remplace le tube à dégagement de l'appareil producteur par un tube droit effilé (*fig.* 14), et on *attend pour enflammer l'hydrogène que tout l'air ait été expulsé de l'appareil.* On peut constater qu'il ne reste plus d'air en coiffant le tube effilé d'un tube à essai renversé : tant que le contenu du tube à essai ne brûle pas sans déto-

___

[1] D'après la loi de Graham, les quantités de gaz qui pour une même pression traversent en un même temps un petit orifice percé dans une paroi mince sont inversement proportionnelles à la racine carrée de leurs densités ; or une paroi poreuse est plus ou moins assimilable à une somme d'orifices dans une paroi mince.

[2] Quand on indique un point d'ébullition sans faire mention de la pression, on sous-entend qu'elle est normale, c'est-à-dire de 76 cm. De même pour les points de fusion.

nation, quand on l'approche d'une flamme distante de l'appareil, le gaz est mélangé d'air.

On démontre que le produit de la combustion est de la vapeur d'eau en faisant passer l'hydrogène à travers des substances avides d'eau, telles que le chlorure de calcium (*fig*. 15), et en le faisant brûler sous une cloche de verre. La vapeur d'eau produite se condense sur les parois de la cloche en gouttelettes qui ruissellent le long du verre.

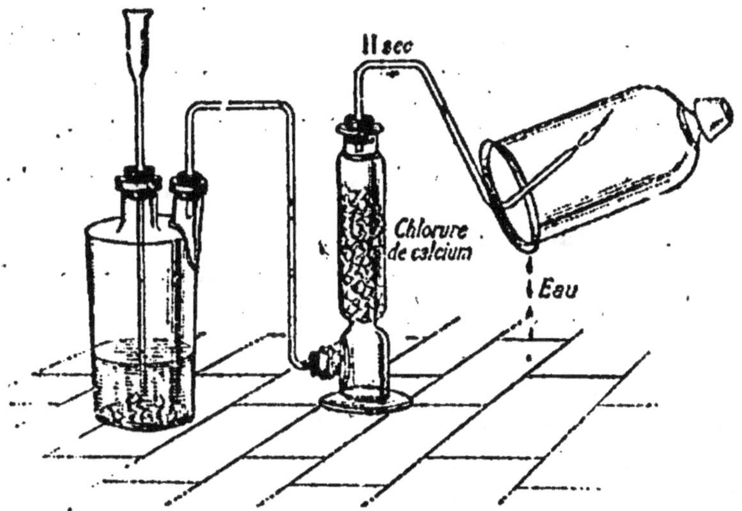

Fig. 15. — Production d'eau par la combustion de l'hydrogène.

De cette expérience — due à Cavendish — on peut conclure que l'air contient de l'oxygène, puisque l'oxygène qui entre dans la composition de l'eau formée ne peut provenir d'ailleurs.

L'hydrogène brûle aussi dans l'oxygène et donne alors une flamme encore plus chaude que dans l'air (19).

En brûlant (que ce soit dans l'air ou dans l'oxygène), 1 g. d'hydrogène dégage 34 500 calories, c'est-à-dire produit assez de chaleur pour élever de 1° la température de 34 kg, 5 d'eau.

L'hydrogène se combine avec l'oxygène en présence de la mousse de platine (platine très divisé), qui agit par son seul contact et se retrouve sans changement à la fin de l'expérience (on dit que la mousse de platine est un *catalyseur*, qu'elle joue un rôle *catalytique*). La chaleur dégagée par la combinaison porte le platine à l'incandescence, d'où inflammation de l'hydrogène. C'est sur ce principe que sont basés divers appareils pour allumer le gaz d'éclairage, qui contient une forte proportion d'hydrogène.

L'hydrogène n'entretient pas la combustion des autres corps combustibles. Ainsi, si on introduit une bougie allumée dans une éprouvette pleine d'hydrogène renversée l'ouverture en bas, elle s'éteint après avoir mis le feu au gaz en y pénétrant.

L'hydrogène forme avec l'oxygène un mélange qui *détone* au contact d'une flamme.

Pour le démontrer, on remplit aux 2/3 d'hydrogène un flacon plein d'eau et on achève de le remplir avec de l'oxygène. Si on approche l'ouverture du flacon d'une flamme, il se produit une violente détonation, résultant de ce que la vapeur d'eau produite, fortement dilatée par la chaleur dégagée, a d'abord brusquement refoulé l'air à l'orifice du flacon, puis s'est condensée, en amenant une subite rentrée d'air.

Le flacon pouvant être brisé par l'explosion, on aura soin de l'envelopper de linges mouillés. Si on s'écarte pour les deux gaz des proportions indiquées (qui sont celles qui correspondent à la composition de l'eau), la réaction est moins violente. Il en est de même si on remplace l'oxygène par de l'air. C'est pour éviter l'explosion de tels mélanges qu'il faut attendre l'entraînement de tout l'air contenu dans un appareil à hydrogène avant d'enflammer celui-ci.

Action réductrice de l'hydrogène. — L'hydrogène, ayant une grande tendance à s'unir à l'oxygène pour former de l'eau, décompose, à des températures convenables, la plupart des oxydes métalliques (combinaisons d'un métal avec de l'oxygène). On dit que ces oxydes sont *réduits* et que l'hydrogène est un agent *réducteur*. Si on chauffe légèrement de l'oxyde de cuivre dans un tube adapté à un appareil producteur d'hydrogène sec (*fig.* 16), il se dégage bientôt de la vapeur d'eau à l'extrémité du tube, en même temps que l'oxyde devient incandescent. Après refroidissement, le tube renferme une poudre rouge, qui n'est autre chose que du cuivre métallique.

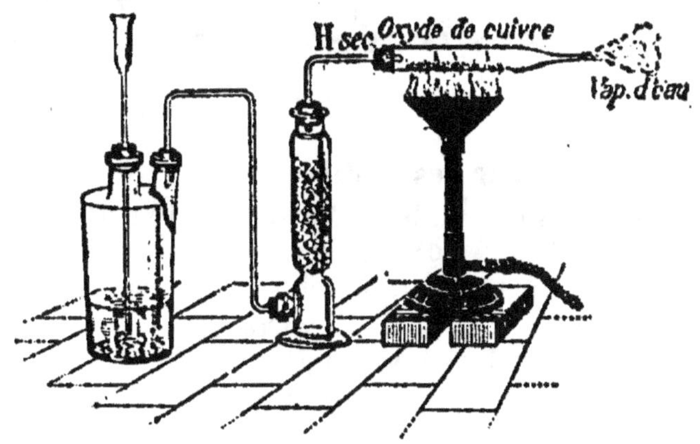

Fig. 16. — Réduction d'un oxyde par l'hydrogène.

L'hydrogène a aussi, comme on le verra (36), une grande tendance à s'unir avec le gaz chlore, et on peut faire une expérience analogue à la précédente avec du chlorure d'argent (composé d'argent et de chlore), qui est également réduit par l'hydrogène; il reste de l'argent et il se dégage de l'acide chlorhydrique (gaz composé d'hydrogène et de chlore).

Action sur l'organisme. — L'hydrogène pur est un gaz inoffensif, mais il n'entretient pas la vie. Respiré seul, il produit l'asphyxie par privation d'oxygène.

Synthèse de l'eau en poids. — C'est en se basant sur

l'action réductrice de l'hydrogène que Dumas a déterminé d'une façon très exacte la composition de l'eau en poids (*fig.* 17). Il faisait arriver lentement de l'hydrogène bien pur et sec dans un ballon contenant de l'oxyde de cuivre chauffé. Cet oxyde était décomposé et il se produisait de la vapeur d'eau, qui se condensait plus loin dans un ballon, les dernières traces

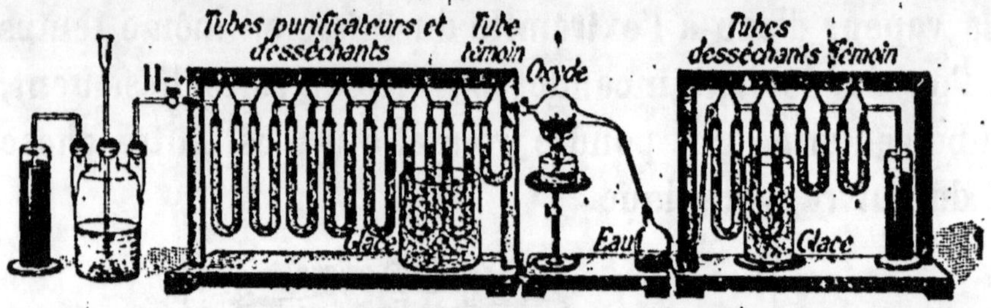

Fig. 17. — Synthèse de l'eau en poids.

d'eau étant arrêtées par des matières avides de ce liquide. On pesait, avant et après le passage d'une quantité suffisante d'hydrogène, d'une part l'oxyde de cuivre initial et le mélange d'oxyde et de cuivre métallique obtenu — ce qui donnait le poids d'oxygène combiné avec l'hydrogène — et d'autre part la partie de l'appareil qui retenait l'eau produite. Le poids d'hydrogène combiné était la différence des poids d'eau et d'oxygène.

13. Usages. — Dans les laboratoires, l'hydrogène est souvent employé comme réducteur.

Comme il est beaucoup plus léger que l'air, il convient parfaitement pour gonfler les aérostats, à condition que l'on emploie des enveloppes bien imperméables.

La chaleur de sa combustion est utilisée industriellement dans les chalumeaux (19).

Dirigée sur un bâton de chaux vive, la flamme de l'hydrogène devient éblouissante et est utilisée pour éclairer les lanternes de projection.

RÉSUMÉ DU CHAPITRE II

L'*hydrogène* forme la 9e partie de l'eau et entre dans la constitution d'un grand nombre de composés. On le prépare industriellement par électrolyse de l'eau et, en petit, en décomposant l'acide sulfurique étendu par le zinc dans un flacon à deux tubulures.

C'est un gaz incolore, à peu près insoluble dans l'eau. Il pèse 14 fois moins que l'air à volume égal. Il est très diffusible, traverse facilement les enveloppes poreuses.

L'hydrogène brûle avec une flamme pâle très chaude, en produisant de la vapeur d'eau ; son mélange avec l'oxygène ou l'air est détonant. Il réduit un grand nombre d'oxydes métalliques, s'emparant de leur oxygène pour former de l'eau et mettant le métal en liberté.

On emploie souvent l'hydrogène pour gonfler les ballons ; on s'en sert aussi, en dirigeant sa flamme sur un bâton de chaux vive, pour éclairer les lanternes de projection.

CHAPITRE III

OXYGÈNE

Symbole : O.   Poids atomique : 16.

14. État naturel. — L'oxygène est un des corps les plus répandus dans la nature. Il forme environ 1/5 en volume de l'air ; à l'état de combinaison, il entre dans la constitution de l'eau et d'un grand nombre de composés.

15. Préparation. — Préparation industrielle. — On obtient de l'oxygène en même temps que de l'hydrogène dans l'électrolyse de l'eau (10).

Comme nous le verrons plus loin (24), on extrait surtout l'oxygène de l'air (où nous avons constaté sa présence par la formation d'eau dans la combustion de l'hydrogène).

Le gaz produit par un de ces moyens est vendu comprimé (à 150 atmosphères) dans des cylindres d'acier, comme l'hydrogène (10).

Dans les laboratoires, quand on ne peut se procurer facilement le gaz industriel, on prépare l'oxygène à l'aide de composés qui le cèdent aisément : les plus employés sont l'*oxylithe* et le *chlorate de potassium*.

Préparation par l'oxylithe. — L'oxylithe est un solide blanchâtre formé essentiellement d'un composé d'oxygène et de sodium (bioxyde de sodium, Na^2O^2) et qu'on obtient en faisant absorber l'oxygène de l'air par du sodium fondu. Il suffit de projeter de l'oxylithe dans l'eau pour avoir de l'oxygène. Dans un flacon F bien sec (*fig.* 18) on introduit

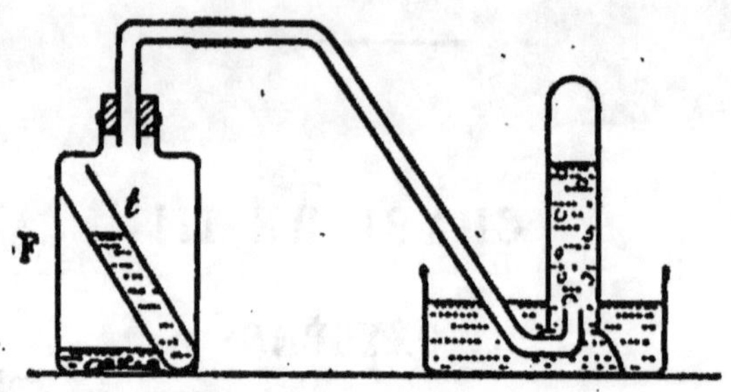

Fig. 18. — Préparation de l'oxygène par l'oxylithe.

quelques fragments d'oxylithe. On remplit d'eau un tube large t et on le place dans le flacon ; le bouchon du flacon est traversé par un tube relié par un raccord de caoutchouc à un autre tube qui se rend à la cuve à eau. On incline doucement le flacon F pour déverser une certaine quantité d'eau sur l'oxylithe ; l'oxygène se dégage aussitôt avec effervescence :

$$Na^2O^2 + H^2O = 2NaOH + O^2,$$
oxylithe   eau   soude

On ne recueille pas les premières quantités de gaz, car elles sont mélangées d'air. Quand la réaction est terminée, si on verse dans le flacon quelques gouttes de phtaléine, le liquide rougit, ce qui indique la présence de soude.

Préparation par le chlorate de potassium. — Le chlorate de potassium est un sel qui se présente en paillettes blanches brillantes ; chauffé modérément, il fond, puis se décompose et dégage de l'oxygène ; il reste finalement un résidu de chlorure de potassium (composé de chlore et de potassium). Ordinairement on ajoute au chlorate un peu de bioxyde de manganèse, minéral noir naturel, qui rend plus régulière la décomposition du chlorate :

$$ClO^3K \quad = \quad KCl \quad + \quad 3O^\prime.$$

chlorate   chlorure
de potassium   de potassium

Le mélange de chlorate et de bioxyde est introduit dans un large tube (*fig.* 19) portant un tube à dégagement qui

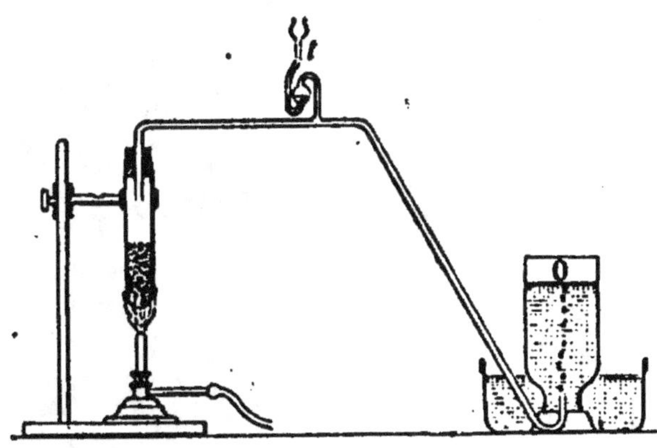

Fıg. 19. — Préparation de l'oxygène par le chlorure de potassium.

se rend sur une cuve à eau et est muni d'un tube de sûreté *t* (qui, en laissant rentrer de l'air, empêcherait l'aspiration d'eau de la cuve et, d'autre part, permettrait au gaz de sortir en cas d'obstruction de l'extrémité du tube abducteur). L'oxygène est recueilli dans des flacons ou dans des éprouvettes.

16. Propriétés physiques. — L'oxygène est un gaz

incolore, inodore et sans saveur, très peu soluble dans l'eau (1 l. d'eau à 0° n'en absorbe que 41 cm³). Il est un peu plus lourd que l'air (1 l. d'oxygène pèse 1 g, 43).

La liquéfaction de l'oxygène exige de très basses tempé ratures. Sa température critique est — 118°; il bout à — 181°. C'est un liquide bleuâtre.

17. Propriétés chimiques. — L'oxygène est surtout caractérisé par cette propriété que les corps combustibles y brûlent avec plus d'éclat que dans l'air; si, dans une éprouvette pleine d'oxygène, on introduit une allumette présentant encore un point en ignition, elle se rallume (*fig*. 20) en faisant entendre une petite détonation.

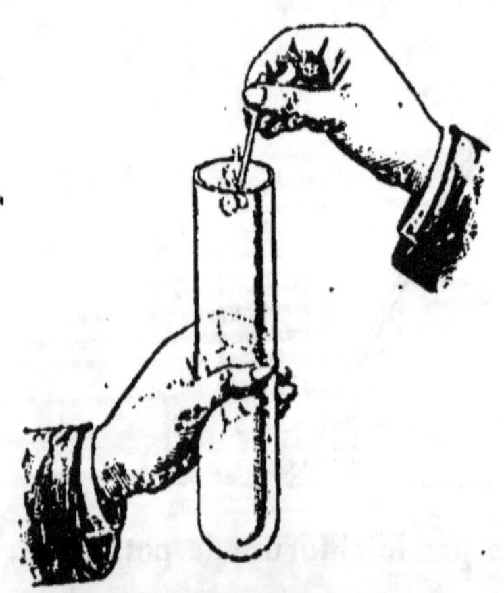

Fig. 20. — L'oxygène rallume une allumette presque éteinte.

Fig. 21. — Combustion du soufre dans l'oxygène.

Mettons un morceau de *soufre* dans une petite coupelle en terre que supporte un fil de fer fixé à un large bouchon de liège, enflammons-le et descendons la coupelle dans un flacon plein d'oxygène (*fig*. 21): le soufre brûlera avec une flamme d'un beau bleu pur, en formant un gaz à odeur suffocante appelé anhydride sulfureux, SO_2.

Remplaçons le soufre par un fragment de *phosphore* bien sec, allumons ce fragment avec une allumette et introduisons-le rapidement dans un flacon d'oxygène : il brûlera en produisant une lumière éblouissante, accompagnée de fumées blanches épaisses d'anhydride phosphorique, P^2O^5, combinaison d'oxygène et de phosphore.

Un bâton de fusain (*carbone*) rougi préalablement brûle de même avec éclat en se transformant, par sa combinaison avec l'oxygène, en anhydride carbonique, CO^2, gaz incolore ayant la propriété de troubler l'eau de chaux.

Fig. 22. — Combustion du fer dans l'oxygène.

Pour effectuer la combustion du *fer*, on introduit rapidement dans l'oxygène un fil de clavecin enroulé en spirale, à l'extrémité libre duquel se trouve un morceau d'amadou enflammé (*fig.* 22). Le fer brûle en lançant de tous côtés des étincelles et en se transformant en oxyde magnétique de fer, Fe^3O^4. Cet oxyde fond et se détache en globules qui détermineraient la rupture du flacon si l'on n'avait eu soin d'y laisser une légère couche d'eau.

Enfin un ruban de *magnésium* enflammé préalablement à une extrémité brûle dans l'oxygène avec une flamme éblouissante. Il se dépose sur les parois du flacon une poussière blanche, qui est de la magnésie, MgO.

L'oxygène a donc pour principale propriété d'être, par sa combinaison avec beaucoup de corps divers, agent de combustion. Ces réactions sont accompagnées en général, comme dans les exemples précédents, d'un fort dégagement de chaleur. La lumière produite vient de ce que les corps y sont portés à une température élevée. Le corps incandescent est soit seulement le combustible, si le composé produit est gazeux (charbon, soufre), soit, aussi et surtout, ce composé s'il est solide (anhydride phosphorique, magnésie).

Naturellement, plus la chaleur est concentrée et plus la température obtenue est élevée ; ainsi la température obtenue par la combustion de l'hydrogène dans l'oxygène est supérieure à celle que donne la combustion dans l'air ; car dans ce dernier cas la chaleur dégagée est en partie employée à élever la température d'un gaz inerte, l'azote (25). D'autre part, si la combinaison se fait lentement, la chaleur se répandra à l'extérieur au fur et à mesure de sa production sans donner lieu à un échauffement notable : on a alors affaire à une combustion lente. Ainsi un morceau de phosphore dans l'oxygène se combine lentement à froid ; un morceau de fer s'y oxydera petit à petit.

Le mot *combustion* ne désigne pas seulement toute oxydation rapide ou lente. On l'applique par extension à toute réaction accompagnée de chaleur et de lumière : ainsi le fer et le cuivre *brûlent* dans la vapeur de soufre.

Action sur l'organisme. — L'oxygène est l'agent essentiel de la respiration. L'air introduit dans les poumons cède son oxygène au sang qui a traversé toutes les parties du corps et reçoit en échange du gaz carbonique et de la vapeur d'eau, résultats des combustions lentes effectuées dans les diverses cellules du corps. A ces changements chimiques correspondent extérieurement du travail mécanique, du mouvement, ainsi que de la chaleur maintenant constante la température du corps (chaleur animale).

18. Caractères de l'oxygène. — L'oxygène se distingue des autres gaz par les caractères suivants :

1° Une allumette présentant encore un point rouge se rallume dans ce gaz en faisant entendre une petite détonation.

2° Il est absorbé par un composé organique, l'*acide pyrogallique,* en présence de la potasse.

Pour le démontrer, on introduit successivement dans un tube contenant de l'oxygène quelques centimètres cubes d'une dissolution de potasse et un peu d'acide pyrogallique en poudre ; on ferme le tube avec un bon bouchon et on agite fortement : le liquide devient brun foncé. En débouchant alors le tube sous l'eau, on voit celle-ci le remplir presque complètement.

19. Usages. — L'oxygène est l'agent essentiel de la respiration et des combustions.

Il joue un grand rôle dans la fabrication de composés importants tels que l'acide sulfurique, le blanc de zinc.

On l'utilise pour obtenir dans la combustion des températures plus élevées que celles que fournit l'air, dont une partie constituante, l'azote, absorbe inutilement de la chaleur. Le combustible employé est en général l'hydrogène, le gaz d'éclairage ou un gaz composé d'hydrogène et de carbone, l'acétylène, C^2H^2. On se sert de *chalumeaux* dits *oxhydriques* dans les premiers cas et *oxyacétyléniques* dans le dernier, qui possèdent des formes diverses. Celui de la figure 23 consiste principalement en deux tubes concentriques, l'intérieur pour l'arrivée de l'oxygène et l'espace intermédiaire pour celle du gaz combustible. Si on dirige la flamme d'un tel chalumeau sur un morceau de chaux vive, celui-ci est porté à une vive incandescence

Fig. 23. — Chalumeau oxhydrique.

et produit la lumière oxhydrique ou de Drummond, utilisée pour les projections, etc.

Les chalumeaux sont d'un emploi industriel courant. Ils servent à la soudure autogène des métaux, c'est-à-dire sans mélange d'autre métal, de sorte que la pièce soudée forme un seul bloc comme si elle avait été fondue. On les emploie également pour le découpage, c'est-à-dire pour sectionner des pièces de fer, des plaques épaisses, percer des ouvertures, etc. Dans ce but on augmente le débit d'oxygène de façon que l'excès non brûlé forme avec le fer chauffé un oxyde plus fusible que le métal. Dans des chalumeaux spéciaux il y a deux orifices, l'un pour l'oxygène pur et l'autre pour le mélange d'oxygène et de gaz combustible servant à chauffer l'endroit à oxyder.

On obtient des explosifs pouvant remplacer la dynamite en imbibant d'oxygène liquide de la poudre de charbon ou d'aluminium. Il faut employer ces explosifs tout de suite ; mais cela peut être avantageux sous certains rapports.

En médecine on emploie l'oxygène, sous forme d'inhalations, pour activer la respiration dans des cas graves et contre les empoisonnements occasionnés par certains gaz comme l'oxyde de carbone ou l'acide sulfhydrique.

20. Ozone ($O^3 = 48$). — L'oxygène obtenu dans l'électrolyse de l'eau, surtout à basse température, possède une odeur particulière et est un oxydant plus énergique que l'oxygène pur. Cela est dû à la transformation d'une petite partie de l'oxygène en *ozone* (d'un mot grec signifiant « avoir de l'odeur »). L'ozone est formé par la condensation de l'oxygène, dont 3 volumes donnent 2 volumes d'ozone seulement: on dit que c'est une modification *allotropique* de l'oxygène. On le produit mêlé d'oxygène ou d'air en soumettant ces gaz aux décharges obscures ou effluves électriques dans des appareils appelés ozoniseurs. Dans les laboratoires on se sert de l'appareil de Berthelot (*fig 24*), où les électrodes sont des masses d'eau acidulées l'une à l'extérieur, l'autre à l'intérieur de l'espace annulaire où circule le gaz.

Il y a toujours de l'ozone dans l'air, surtout à la campagne et en particulier pendant les orages.

C'est un gaz qui sous de fortes épaisseurs est bleu ; sa densité est 1,656 (1 fois 1/2 celle de l'oxygène).

Il est facilement transformé en oxygène par la chaleur et par divers corps. C'est un oxydant beaucoup plus énergique que l'oxy-

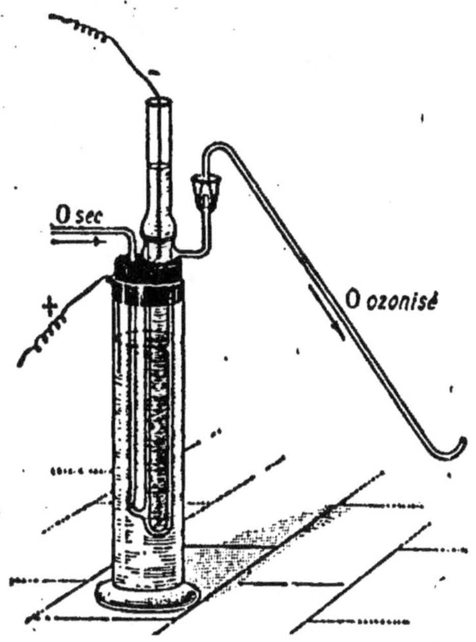

Fio. 24. — Appareil de Berthelot pour la production de l'ozone.

gène ; il oxyde à la température ordinaire le mercure, le caoutchouc, etc. Il détruit rapidement les microbes.

On s'en sert industriellement pour blanchir les toiles.

On utilise les propriétés antiseptiques de l'air ozonisé pour le traitement de diverses maladies, la purification de l'air des hôpitaux, la conservation des aliments, etc. Enfin un des emplois les plus importants de l'ozone est la stérilisation des eaux d'alimentation, qui s'obtient par la dissolution d'une faible quantité de ce gaz.

RÉSUMÉ DU CHAPITRE III

L'*oxygène* fait partie de l'air, de l'eau et d'un grand nombre de composés. On l'obtient industriellement par l'électrolyse de l'eau, ou bien on l'extrait de l'air. On le prépare en petit en décomposant par l'eau l'oxylithe, ou bien par la chaleur un mélange de chlorate de potassium et de bioxyde de manganèse.

L'oxygène est incolore, très peu soluble dans l'eau. Les corps combustibles brûlent dans ce gaz avec plus d'éclat que dans l'air (une allumette présentant encore un point rouge s'y rallume avec une petite détonation). On peut citer aussi les combustions du soufre, du phosphore, du charbon, du magnésium, du fer.

L'oxygène est l'agent essentiel de la respiration et des combustions ; il sert à produire des températures élevées ou une lumière vive.

L'ozone est de l'oxygène condensé. On l'obtient par l'action de l'effluve électrique sur l'oxygène ou l'air. C'est un oxydant plus énergique que l'oxygène. Il sert comme antiseptique pour purifier l'air et stériliser l'eau.

CHAPITRE IV

AIR — AZOTE

AIR

24. Expérience de Lavoisier. — Ce fut Lavoisier qui, le premier, en 1775, découvrit que l'air était un mélange et en fixa la composition.

Il introduisit une quantité connue de mercure dans une cornue dont le col recourbé s'engageait sous une cloche reposant sur le mercure et contenant un volume déterminé d'air (*fig.* 25), puis il maintint

Fig. 25. — Analyse de l'air par Lavoisier.

le mercure presque bouillant. Dès le second jour, de petites parcelles rouges se formèrent à la surface du mercure, en même temps que l'air de la cloche diminuait peu à peu de volume. Ces changements ayant cessé au bout de douze jours, Lavoisier laissa refroidir l'appareil et constata que le volume de l'air restant dans la cornue et dans le cloche n'était plus que les 5/6 du volume total primitif ; en outre, cet air n'entretenait plus ni la combustion ni la respiration ; c'était le gaz que nous appelons maintenant azote atmosphérique.

Ayant rassemblé les parcelles rouges d'oxyde de mercure qui s'étaient formées dans cette expérience, Lavoisier les chauffa dans une petite cornue de verre munie d'un tube à dégagement, et recueillit de l'oxygène, dont le volume était sensiblement 1/6 du volume de l'air contenu primitivement dans l'appareil précédent.

Enfin, l'azote et l'oxygène ainsi isolés ayant été réunis, ils reproduisirent de l'air en tout semblable à l'air ordinaire.

Cette méthode ne peut donner qu'approximativement les proportions d'azote et d'oxygène, car l'oxygène n'est jamais complètement absorbé par le mercure.

22. Composition de l'air. — Pour déterminer d'une manière plus exacte et plus rapide la proportion de l'oxygène dans l'air, on emploie un corps qui tende davantage à se combiner avec ce gaz, le phosphore par exemple.

On chauffe un fragment de phosphore dans une cloche courbe reposant sur l'eau et contenant un volume d'air connu (*fig.* 26). Le phosphore brûle en s'emparant de l'oxygène. Le composé formé (anhydride phosphorique) se dissout dans l'eau. Quand la combustion est terminée, on laisse refroidir et on constate que l'eau s'est élevée dans la cloche de façon à réduire de 1/5 environ le volume primitif de l'air.

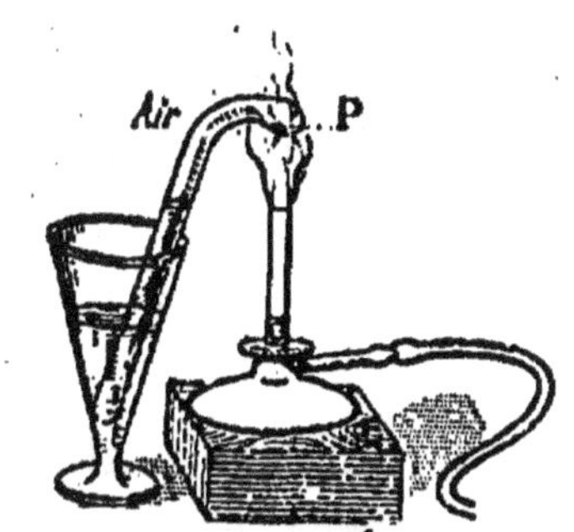

Fig. 26. — Dosage de l'azote par le phosphore à chaud.

On peut aussi opérer à froid. Dans une éprouvette gra-
duée renversée sur le mercure et contenant un volume
connu d'air on introduit un bâton de phosphore (*fig*. 27). Au bout de 24 heures la
combustion lente est achevée ; on retire le
phosphore et on mesure le résidu gazeux.

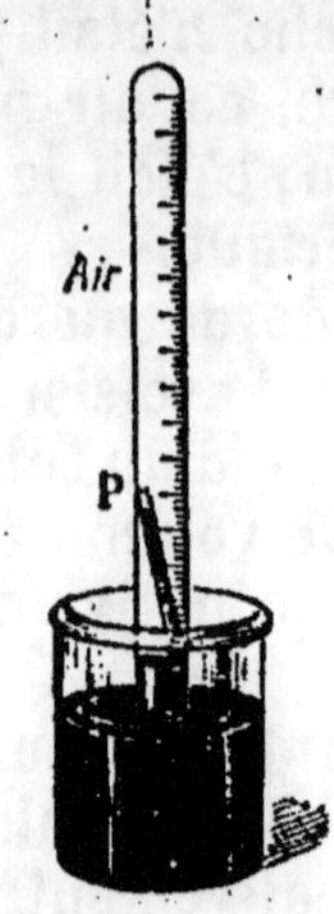

Fig. 27. — Dosage de l'azote par le phosphore à froid.

On peut encore se servir de l'eudiomètre (4) :
on y introduit 100 cm³ d'air et un volume égal
d'hydrogène, puis on fait passer une étincelle ;
le mercure monte dans le tube et il ne reste
plus que 137 cm³ de gaz, constitués par
l'azote et par l'hydrogène non employé. Sur
les 63 cm³ qui ont disparu, pour former de
l'eau, il y avait nécessairement 1/3, soit 21 cm³,
d'oxygène et 2/3, soit 42 cm³, d'hydrogène.
Donc les 100 cm³ d'air contenaient 21 cm³
d'oxygène.

Une méthode due à Dumas et Boussin-
gault et qui est plus précise, car elle fait connaître les
proportions en poids, plus exactement déterminables que
les volumes, consiste à faire passer de l'air sur du cuivre
chauffé, qui se combine avec l'oxygène en formant de
l'oxyde de cuivre. On pèse le gaz non combiné, qui est de
l'azote ; la différence des poids du cuivre initial et du mélange final de cuivre et d'oxyde donne le poids de l'oxygène.

Composition de l'azote atmosphérique. — L'azote atmosphérique a été longtemps pris pour un gaz unique. Ce
n'est qu'en 1894 que Lord Rayleigh et Sir William Ramsay
y distinguèrent des corps différents, inégalement absor-
bables par le magnésium chauffé. On y reconnaît maintenant une partie principale, l'azote, une partie moins
importante, l'argon, et des quantités très petites d'autres

gaz: hélium, néon, xénon et krypton. D'après les recherches de M. Leduc, 100 parties d'air contiennent en poids exactement : 75,5 parties d'azote, 23,2 d'oxygène, 1,3 d'argon. La composition en volume est la suivante : 78,04 volumes d'azote, 21,02 d'oxygène, 0,94 d'argon.

Autres corps contenus dans l'atmosphère. — L'air contient diverses impuretés, accidentellement ou non. Il renferme environ les 3/10 000 de son volume de *gaz carbonique* (152). On constate la présence de ce gaz en abandonnant à l'air un vase contenant de l'eau de chaux : la surface du liquide se recouvre peu à peu d'une pellicule blanche de carbonate de calcium (combinaison de gaz carbonique avec la chaux).

La *vapeur d'eau* existe dans l'air en proportion très variable. C'est à elle qu'est due l'augmentation de poids des substances avides d'eau (acide sulfurique, chlorure de calcium) abandonnées à l'air ; c'est elle qui se condense sous forme de buée sur les parois extérieures d'un vase contenant de l'eau très froide et sur les vitres l'hiver.

On peut doser à la fois la vapeur d'eau et le gaz carbonique contenus dans un volume d'air déterminé, à l'aide d'une série de tubes en U (*fig.* 28) et d'un récipient (appelé aspirateur) rempli d'abord d'eau que l'on fait écouler lentement et d'une façon continue. L'air extérieur abandonne d'abord sa vapeur d'eau dans les premiers tubes, contenant de la pierre ponce imbibée d'acide sulfurique, SO^4H^2, concentré, puis son gaz carbonique dans les tubes suivants, renfermant de la potasse, KOH ; il se rend finalement dans l'aspirateur, où il remplace l'eau au fur et à mesure de son écoulement. Un tube à ponce sulfurique précède l'aspirateur et est destiné à empêcher la vapeur d'eau provenant de ce dernier de pénétrer dans les tubes à potasse.

Les quantités de vapeur d'eau et de gaz carbonique sont données par l'augmentation de poids des tubes qui les ont absorbés.

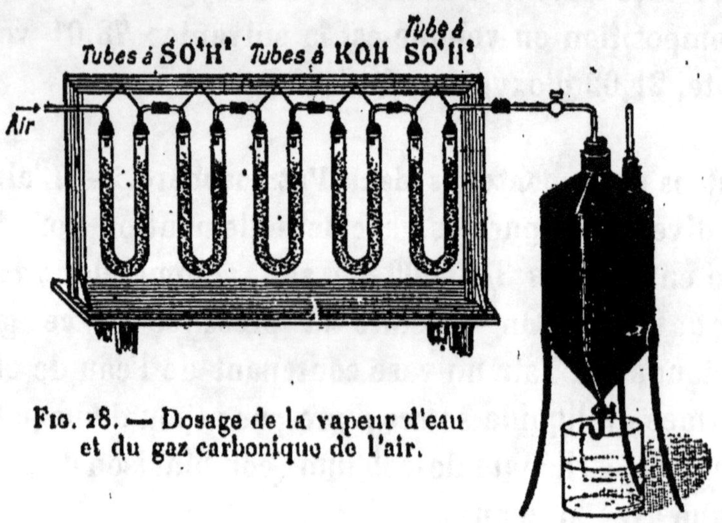

Fig. 28. — Dosage de la vapeur d'eau
et du gaz carbonique de l'air.

On trouve encore dans l'air des quantités variables et très faibles de divers autres gaz : ammoniac (118), acide sulfhydrique (103), etc. Enfin l'air tient en suspension des corpuscules solides, qui sont visibles dans un rayon de soleil et qui sont formés de poussières minérales, de débris organiques et de germes organisés. Ces derniers, rares ou mêmes absents dans les montagnes et en pleine mer, sont très nombreux dans les villes, surtout dans les hôpitaux, dans les égouts, etc. Il y en a qui provoquent des fermentations, d'autres qui causent des maladies (tuberculose, etc.).

23. L'air est un mélange. — Bien que l'air ait une composition sensiblement constante, aussi bien à de fortes altitudes (¹) qu'au niveau du sol, c'est un mélange et non une combinaison. En effet :

1° La composition de l'air n'est pas *absolument* constante.

______

(¹) Dans les plus hautes régions de l'atmosphère, la composition de l'air est un peu différente.

2° Les volumes de deux gaz qui se combinent sont toujours dans un rapport simple, tandis que le rapport 21/78 de l'oxygène et de l'azote n'est pas un rapport simple.

3° On n'observe pas de réaction en reformant de l'air par le mélange d'oxygène et d'azote.

4° L'air liquide se comporte comme un mélange dont on peut facilement séparer les constituants par des moyens physiques (comme on le verra au paragraphe suivant).

5° L'air dissous dans l'eau est plus riche en oxygène que l'air ordinaire. Chaque gaz s'est donc dissous avec son coefficient de solubilité propre ; il n'en serait pas ainsi si l'air était une combinaison.

6° Les propriétés de l'air gazeux sont la résultante, pour ainsi dire, de celles des constituants ; elles n'en sont pas différentes. Par exemple, la combustibilité y est seulement moindre que dans l'oxygène pur, et on peut la diminuer en ajoutant de l'azote.

24. Propriétés de l'air et applications. — L'air est incolore sous une faible épaisseur, et bleu quand il est vu en grande masse. Un litre d'air à 0° et sous la pression de 76 cm de mercure pèse 1 g, 293. Un litre d'eau, à la température ordinaire, dissout environ 24 cm³ d'air.

C'est par l'oxygène qu'il contient que l'air entretient les combustions et la respiration.

L'air sert à fabriquer l'acide azotique par la combinaison de l'azote avec l'oxygène sous l'influence d'un arc électrique (110).

On liquéfie maintenant l'air par grandes quantités, en le faisant détendre après l'avoir fortement comprimé, ce qui produit les basses températures nécessaires. On conserve l'air liquide dans des récipients ouverts (*fig*. 29), formés de deux enveloppes de verre argentées entre lesquelles on a fait le vide. La couche superficielle du liquide se trouvant seule en contact avec l'atmosphère, l'évaporation est très lente, et on peut ainsi conserver de l'air liquide pendant plus de 8 jours.

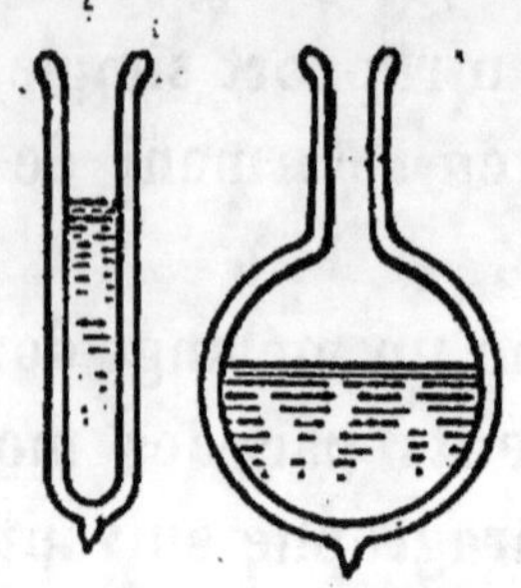

Fig. 29. — Récipients pour conserver l'air liquide.

L'air liquide a une teinte légèrement bleutée. Son point d'ébullition est — 192° environ. On peut y plonger la main impunément, car le liquide prend une forme globulaire et est séparé de la peau par une mince couche de vapeur; il faut toutefois retirer la main aussitôt, car, cette couche disparaissant rapidement, le froid serait tel que la main serait brûlée comme par un métal en fusion. Au contact de l'air liquide, le mercure se congèle et devient dur comme du fer; la viande et les corps élastiques, comme le caoutchouc, deviennent durs et cassants comme du verre.

La liquéfaction de l'air est employée industriellement pour obtenir séparément l'oxygène et l'azote à l'état pratiquement pur, en utilisant la différence de volatilité de ces gaz, dont les points d'ébullition respectifs sont — 181° et — 194°.

L'appareil Claude (*fig*. 30) est basé sur le *retour en arrière* et le *barbotage méthodique*. L'air comprimé traverse un faisceau de tubes refroidis par de l'oxygène liquide et s'y liquéfie partiellement : le liquide, contenant 47 °/₀ d'oxygène, retombe en arrière alors que l'azote presque pur va se condenser plus loin. Le barbotage se fait dans une colonne analogue à celles qui servent à rectifier les alcools. Les vapeurs en s'y élevant passent sous des sortes de cloches qui les forcent à barboter dans les liquides remplissant des cuves annulaires superposées ; ces cuves elles-mêmes communiquent entre elles par des tuyaux de trop-plein qui y maintiennent un niveau constant. Les vapeurs en montant perdent par condensation leurs parties les moins volatiles et entraînent les parties les plus volatiles des liquides, de sorte que ceux-ci en descendant s'enrichissent en parties moins volatiles. Au sommet de la colonne se dégage de l'azote pur, alors qu'il retombe au bas de l'oxygène pur. L'azote liquide presque pur obtenu précédemment est envoyé sous le dernier élément de la colonne, tandis que le mélange d'oxygène à 47 % est envoyé à l'endroit de colonne où les liquides ont cette composition.

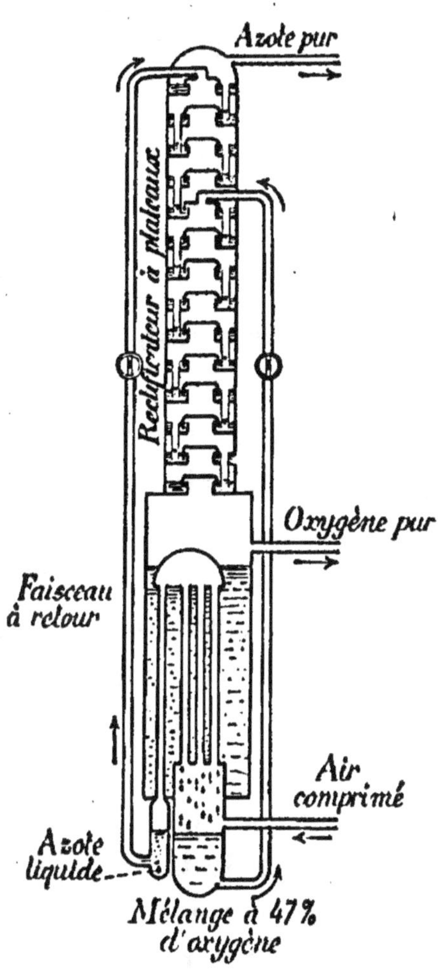

Fig. 3o. — Appareil Claude pour séparer l'oxygène et l'azote atmosphériques.

AZOTE

Symbole : Az ou N (¹).   Poids atomique : 14.

25. État naturel. — L'azote forme, comme nous l'avons vu, environ les 4/5 de l'air en volume. Il entre dans la

____

(¹) De *nitrogène*, nom donné à l'azote dans plusieurs langues et employé parfois en France. L'azote entre, en effet, dans la composition du *nitre* ou salpêtre, AzO^3K.

constitution d'un grand nombre de composés : gaz ammoniac, salpêtre, blanc d'œuf, etc. C'est une partie importante du corps de tous les êtres vivants. Certaines bactéries (végétaux microscopiques) peuvent le prendre dans l'air ; les végétaux le tirent des composés azotés du sol et de ces bactéries. Les animaux le trouvent dans les végétaux, ou les autres animaux dont ils se nourrissent. Le nom d'*azote* (de *a* privatif et d'un mot grec qui signifie *vie*) lui a été donné pour rappeler qu'il n'entretient pas la respiration.

26. Préparation. — L'azote de l'air est séparé de l'oxygène industriellement par la liquéfaction (24) et se vend comprimé comme celui-ci.

Dans les laboratoires, l'azote s'extrait ordinairement de l'air, auquel on enlève l'oxygène à l'aide de corps absorbant facilement ce gaz.

Sur un large bouchon de liège flottant sur l'eau, on dépose une petite coupelle contenant un fragment de phosphore bien sec ; on enflamme le phosphore et on recouvre le tout d'une grande cloche (*fig.* 31). Il se produit des

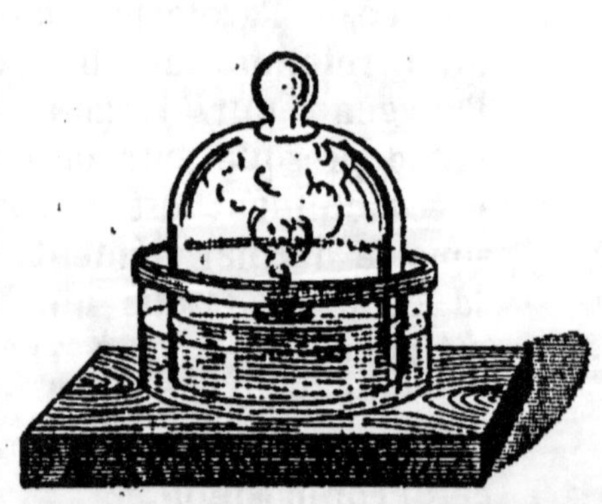

Fig. 31. — Préparation de l'azote atmosphérique par le phosphore.

fumées blanches épaisses d'anhydride phosphorique, corps très soluble dans l'eau.

Quand la combustion est terminée, ces fumées se dissipent peu à peu, en même temps que l'eau monte dans la cloche pour remplacer l'oxygène disparu. On transvase alors le gaz restant dans des éprouvettes; c'est de l'azote atmosphérique (22) mélangé à un peu d'oxygène non absorbé et de gaz carbonique.

Pour obtenir de plus grandes quantités d'azote atmosphérique, on fait passer un courant d'air sur des copeaux de cuivre chauffés au rouge dans un tube de verre. Le cuivre s'empare de l'oxygène de l'air pour donner de l'oxyde de cuivre, et l'azote se dégage.

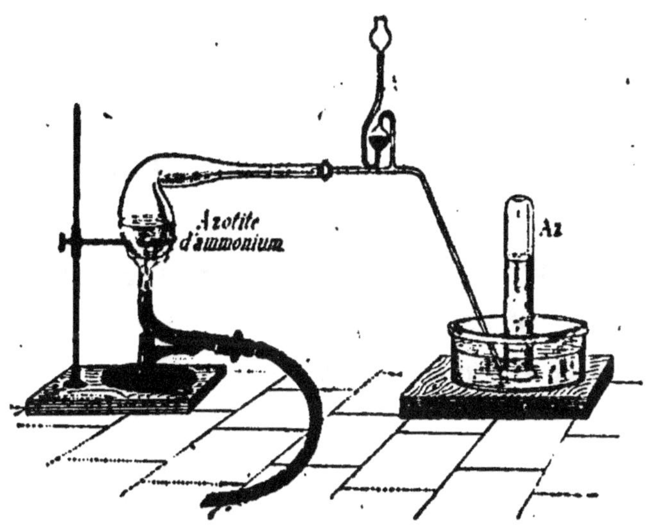

Fig. 32. — Préparation de l'azote pur par l'azotite d'ammonium.

On obtient de l'azote pur en décomposant par la chaleur (*fig*. 32) une dissolution concentrée d'un composé appelé azotite d'ammonium; on effectue cette décomposition dans une petite cornue munie d'un tube abducteur avec tube de sûreté.

27. Propriétés. — L'azote est un gaz incolore, inodore et insipide, à peine soluble dans l'eau. Il est un peu moins lourd que l'air (1 l. pèse 1 g, 26). Sa température critique est — 145°; il bout à — 194°.

L'azote n'est pas combustible. Il n'entretient pas la combustion, et une bougie allumée s'y éteint. Il se combine directement à chaud avec un très petit nombre de corps, comme le magnésium (cette combinaison avec le magnésium a permis d'isoler de l'azote atmosphérique l'argon, qui reste libre).

Un mélange d'azote et d'oxygène soumis à une longue série d'étincelles électriques donne du peroxyde d'azote, AzO^2 : cette réaction est utilisée pour la fabrication de l'acide azotique, AzO^3H (110).

Une série d'étincelles électriques provoque aussi la combinaison d'un mélange d'azote et d'hydrogène : il se forme alors de l'ammoniac, AzH^3.

Action sur l'organisme. — Ce gaz n'entretient pas la respiration. Il n'est pas délétère. Son rôle principal dans l'air est de tempérer l'action trop vive qu'exercerait l'oxygène pur.

28. Usages. — L'azote est surtout employé à la fabrication d'un engrais, la *cyanamide*, que l'on obtient en faisant passer de l'azote pur sur du carbure de calcium (composé de carbone et de calcium) au rouge :

$$CaC^2 + 2Az = CaCAz^2 + C.$$
$$\text{carbure} \qquad\qquad\qquad \text{cyanamide}$$
$$\text{de calcium}$$

RÉSUMÉ DU CHAPITRE IV

En 1775, Lavoisier montra, en faisant combiner l'oxygène d'une quantité donnée d'air avec du mercure, puis en l'en séparant par la chaleur, que l'air est formé d'oxygène et d'azote.

L'*air* est formé, en volume, de 1/5 d'oxygène et 4/5 d'azote atmosphérique (azote pur mélangé à de l'argon et à quelques autres gaz). Il contient de plus 3/10000, en volume, de gaz carbonique, une quantité variable de vapeur d'eau et une très petite quantité d'autres gaz variables. Il tient en suspension des poussières minérales et organiques.

Pour déterminer le rapport en volume de l'oxygène et de l'azote, on se sert de tubes gradués contenant un volume d'air connu et on absorbe l'oxygène soit par du phosphore à chaud, soit par du phosphore à froid.

Pour déterminer la composition de l'air en poids, on le fait passer sur du cuivre chauffé, qui s'oxyde et dont l'augmentation de poids donne le poids d'oxygène; on pèse le gaz non retenu par le cuivre, et qui est l'azote.

L'air contient en poids 75,5 % d'azote, 23,2 % d'oxygène et 1,3 % d'argon mêlé à un peu d'autres gaz (hélium, néon, xénon, krypton).

L'air est un mélange et non une combinaison : sa composition n'est pas absolument constante ; le rapport suivant lequel l'oxygène et l'azote sont unis n'est pas simple ; il n'y a pas de réaction lorsqu'on en fait la synthèse ; liquéfié, il se sépare par distillation en ses deux constituants ; chacun des deux gaz se dissout dans l'eau comme s'il était seul.

1 litre d'air pèse 1 g. 293 à 0° et sous la pression de 76 cm de mercure. L'air liquide bout vers — 192°. En utilisant la différence de volatilité de l'azote et de l'oxygène, on sépare industriellement ces gaz (procédé Claude).

L'*azote* forme les 4/5 de l'air en volume. On l'extrait industriellement de l'air liquide ; dans les laboratoires, on l'extrait de l'air gazeux en brûlant du phosphore sous une cloche reposant sur l'eau ou en faisant passer l'air sur du cuivre chauffé, qui retient l'oxygène. On le prépare pur en chauffant de l'azotite d'ammonium.

C'est un gaz incolore, presque aussi dense que l'air. Ses combinaisons directes chimiques sont peu nombreuses ; on utilise sa combinaison avec l'oxygène sous l'influence des étincelles électriques pour préparer l'acide azotique. Il n'entretient pas la combustion ni la respiration. On l'emploie industriellement à la préparation d'un engrais, la cyanamide.

CHAPITRE V

ÉLECTROLYSE DU CHLORURE DE SODIUM

Formule : NaCl.   Poids moléculaire : 58,5.

29. État naturel. — Le chlorure de sodium n'est autre chose que le sel de cuisine pur. Il est très répandu dans la nature. On le trouve à l'état solide (*sel gemme*), formant souvent des couches très puissantes (mines de Wieliczka en Pologne, de Cordona en Espagne, etc.). Il cause la salure des mers, qui en contiennent en moyenne 28 kg par m³ (contre 9 kg seulement d'autres corps solides dissous). Enfin il existe des sources d'eau salée.

On extrait le sel de ses dissolutions par évaporation. L'eau de mer est amenée dans une série de vastes bassins (*marais salants*) où, sous l'action de la chaleur solaire, elle se concentre peu à peu ; dans les premiers elle abandonne divers composés de fer et de chaux, puis laisse déposer le sel dans les derniers. L'eau des sources salées est évaporée dans de grandes chaudières.

30. Propriétés. — Le sel se présente sous la forme de grains terminés par des surfaces planes, sous la forme de *cristaux*. Ces cristaux, transparents et incolores, sont cubiques et généralement accolés en trémies (*fig.* 33). L'eau en dissout à peu près autant à chaud et à froid : 100 g. dissolvent 36 g. de sel à 0° et 40 g. à 100°. Le sel de cuisine ordinaire, toujours assez impur (il contient environ 95 °/₀ de chlorure de sodium),

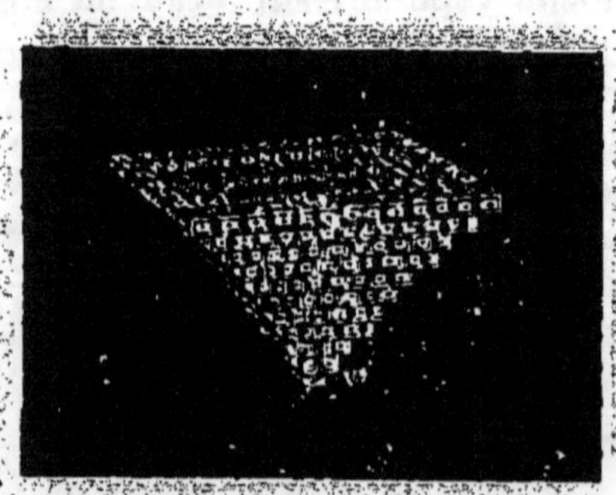

Fig. 33. — Trémie de sel marin.

absorbe l'humidité de l'air ; il tend à fondre quand le temps est à la pluie : on dit qu'il est *déliquescent*. Les cristaux de sel sont formés eux-mêmes de cristaux plus petits entre lesquels un peu d'eau est interposée. Quand on les chauffe, cette eau vaporisée les fait éclater avec bruit, les projetant en tous sens : on dit que le sel *décrépite*. Si on continue à chauffer, vers 790° le sel fond en un liquide huileux, solidifiable par refroidissement. Il est alors privé d'eau, il est devenu *anhydre*.

31. Électrolyse du chlorure de sodium fondu. — Examinons ce qui arrive quand on fait passer le courant électrique dans le sel fondu, comme on l'a fait passer (3) à travers l'eau. L'expérience est difficile à réaliser en petit, mais elle se faisait autrefois industriellement. Un tube en U a une branche en terre réfractaire et l'autre en fer ; celle-ci est reliée au pôle négatif de la source d'électricité. L'anode (électrode positive) est formée par un cylindre de charbon en communication avec l'autre pôle. Les deux ouvertures du tube en U sont munies, la branche en terre d'un tuyau de dégagement et celle de fer d'un trop-plein. L'appareil étant rempli de sel fondu, le passage du courant produit à l'anode un dégagement de gaz jaune-verdâtre, appelé *chlore* (d'un mot grec signifiant « vert »), et à la cathode (électrode négative) l'apparition d'un métal appelé *sodium,* qui surnage et peut être recueilli au dehors si on a soin de le préserver du contact de l'air, où il brûlerait. Si on examine l'appareil après une durée d'électrolyse suffisante, on constate que la quantité de sel y a diminué et qu'il ne s'y trouve pas d'autres corps que ceux que nous avons indiqués : du chlore et du sodium ; ces deux corps entrent donc dans la constitution du sel. Et ce sont les seuls, car il suffit de les mettre en présence pour qu'ils réagissent violemment en reformant le chlorure de sodium (36).

32. Électrolyse du chlorure de sodium dissous. — I. Avec une cathode de mercure. — Prenons comme anode un cylindre de charbon fixé à un fil de métal recourbé bien isolé, et comme cathode du mercure placé dans un tube de verre recourbé. Pla-çons le tout dans de l'eau salée, en recouvrant l'anode d'une petite éprouvette rem-plie également d'eau salée (*fig*. 34), et faisons passer le courant. Le chlorure de so-dium est décomposé comme

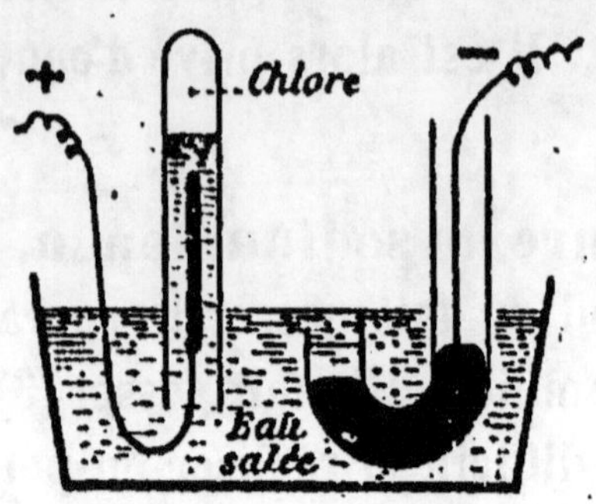

Fig. 34. — Électrolyse de l'eau salée avec une cathode en mercure.

s'il était seul et fondu. Le chlore se dégage à l'anode et le sodium s'unit au mercure formant la cathode, ce qui donne un *amalgame* de sodium.

Si on prend un peu de cet amalgame et qu'on l'agite avec de l'eau ou si on le laisse longtemps en contact avec elle, on voit se dégager un gaz qui est de l'hydrogène ; en évaporant l'eau, on trouve un résidu blanc, combinaison de sodium, oxygène et hydrogène, et qu'on appelle *soude caustique* ; enfin le mercure est redevenu pur. Cette réac-tion du sodium se produirait dans le voltamètre si on arrê-tait le courant. On pourrait d'ailleurs isoler le sodium, en distillant l'amalgame à l'abri du contact de l'air.

II. **Avec une cathode non mercurielle.** — Électrolysons de l'eau salée dans un voltamètre analogue à celui qui nous a servi pour l'eau, mais avec des électrodes en charbon (la cathode peut d'ailleurs être en fer, ce métal n'étant pas attaqué dans ces conditions). Il se dégage comme précé-demment du chlore à l'anode ; mais il se dégage aussi un gaz à la cathode : ce gaz est de l'hydrogène.

Ainsi nous obtenons encore les deux gaz que nous avons trouvés tout à l'heure en fin de compte, après la réaction de l'amalgame de sodium sur l'eau. Nous sommes amenés à penser que le troisième produit, la soude caustique, doit se trouver dans l'eau du voltamètre. C'est ce qu'on vérifie en ajoutant à cette eau un colorant, du *tournesol* (¹), qui devient bleu, autour de la cathode surtout, indiquant ainsi la présence de soude caustique. Le sodium dégagé à la cathode a donc réagi sur l'eau avec formation de soude caustique et dégagement d'hydrogène :

$$Na + H^2O = NaOH + H^2.$$

sodium   eau   soude   hydro-
caustique   gène

Au bout d'un certain temps, et surtout si on agite l'électrolyte, la soude caustique arrive au voisinage de l'anode, où le chlore qui se dégage réagit sur elle. Il se forme alors du chlorure de sodium et une combinaison de sodium, chlore et oxygène appelée hypochlorite de sodium, ClONa, mélange dont la solution constitue l'*eau de Javel*.

RÉSUMÉ DU CHAPITRE V

Le *chlorure de sodium* est du sel de cuisine pur. On le trouve à l'état solide (sel gemme) dans des gisements souvent considérables (Wieliczka, Cordona). L'eau de mer, qui en contient 28 kg par m³, le cède par évaporation naturelle dans les marais salants. L'eau des sources salées est évaporée dans des chaudières.

Si on électrolyse le sel fondu, il se dégage du gaz chlore à l'anode et du métal sodium à la cathode. Ce sont les composants du sel.

On obtient le même résultat en électrolysant une solution salée avec une cathode en mercure. Le sodium s'unit alors au mercure,

---

(¹) Le tournesol est une matière colorante bleue qui, en présence de certains corps appelés *acides*, devient rouge. Inversement, le tournesol rougi par un acide devient bleu en présence d'autres corps appelés *bases*, tels que la soude caustique.

s'amalgame. On le sépare par distillation. Si on agite l'amalgame avec de l'eau, le sodium la décompose en donnant de la soude caustique et de l'hydrogène.

En électrolysant une solution salée avec une cathode qui n'est pas en mercure, on retrouve le même résultat final : le sodium, au fur et à mesure de sa production, réagit sur l'eau, et on a à la cathode une solution de soude caustique et un dégagement d'hydrogène.

Sur la soude produite dans l'électrolyse, lorsqu'elle vient au voisinage de l'anode, le chlore qui se dégage réagit, et il se forme du chlorure de sodium et un composé de chlore, sodium et oxygène (hypochlorite de sodium), mélange dont la solution constitue l'eau de Javel.

CHAPITRE VI

CHLORE — SODIUM

CHLORE

Symbole : Cl.   Poids atomique : 35,5.

33. État naturel. — Le chlore n'existe pas à l'état libre dans la nature ; mais certaines de ses combinaisons, les *chlorures*, sont très répandues ; la plus commune est le chlorure de sodium (29). On trouve aussi dans l'eau de mer et dans le sol du chlorure de potassium, KCl, et du chlorure de magnésium, $MgCl^2$, composés de chlore et des métaux potassium et magnésium.

34. Préparation. — Préparation industrielle par l'électrolyse. — Elle repose sur l'électrolyse de l'eau salée (32). Dans le cas où on emploie une cathode non mercurielle — on se sert le plus souvent d'une cathode en fer — il faut empêcher la diffusion de la soude vers l'anode. De là les particularités des systèmes. On interpose entre les électrodes une cloison partielle allongeant le trajet de l'une à l'autre dans le liquide ou des diaphragmes poreux (toiles d'amiante par exemple). De plus, on fait arriver d'une façon continue de l'eau salée nouvelle près de l'anode, et s'écouler près de la cathode une égale quantité de solution chargée de soude : il en résulte un déplacement du liquide en sens contraire de celui de la diffusion à éviter.

Préparation industrielle par le procédé Deacon. — Dans cette préparation, comme dans la suivante, on extrait le chlore de sa combinaison avec l'hydrogène, le gaz appelé acide chlorhydrique. Le procédé Deacon consiste à en faire combiner l'hydrogène avec de l'oxygène, à le brûler :

$$2HCl + O = H^2O + 2Cl^{-}.$$
$$\text{acide} \qquad\qquad \text{eau} \quad \text{chlore}$$
$$\text{chlorhydrique}$$

On amène un courant d'acide chlorhydrique mêlé d'air au contact de briques chaudes imprégnées d'un composé de chlore et de cuivre, d'un chlorure de cuivre, $CuCl^2$. Ce dernier corps n'est pas modifié. Il agit par sa seule présence (on dit qu'il joue un rôle *catalytique*, que le chlore est obtenu par un procédé *de contact*).

Préparation par le procédé Scheele. — Ce procédé, utilisé en petit et en grand, repose sur la combinaison de l'hydrogène de l'acide chlorhydrique non plus avec l'oxygène de l'air, mais avec celui du bioxyde de manganèse. Dans les laboratoires, on chauffe doucement la solution concentrée d'acide chlorhydrique (solution appelée elle-même, par abréviation, *acide chlorhydrique*) avec le bioxyde de manganèse dans un ballon muni d'un tube de sûreté (*fig.* 35).

L'oxygène du bioxyde s'unit à l'hydrogène de l'acide chlorhydrique pour former de l'eau ; une partie du chlore se combine avec le manganèse, formant du chlorure de manganèse ; l'autre se dégage, passe dans un flacon laveur contenant un peu d'eau pour retenir l'acide chlorhydrique

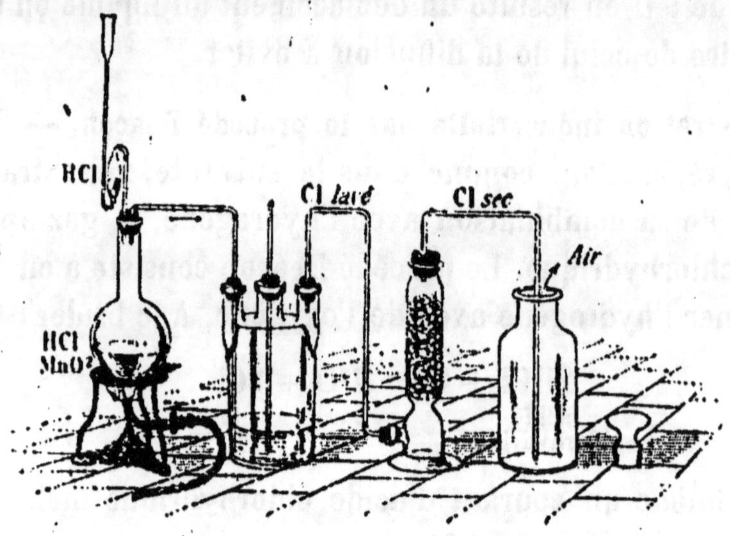

Fig. 35. — Préparation du chlore.

entraîné, puis se dessèche dans un tube contenant du chlorure de calcium. Il reste dans le ballon du chlorure de manganèse et de l'eau :

$$MnO^2 + 4HCl = MnCl^2 + 2H^2O + 2Cl.$$

bioxyde de manganèse — acide chlorhydrique — chlorure de manganèse — eau — chlore

Le chlore ne peut être recueilli sur l'eau, dans laquelle il est soluble, ni sur le mercure, qu'il attaque ; on le recueille *à sec*, en faisant arriver le tube à dégagement au fond d'un flacon sec : le chlore, plus lourd que l'air, chasse peu à peu celui-ci et communique au flacon une teinte jaune-verdâtre.

Quand on ne tient pas à avoir du chlore pur, on met du chlorure de chaux (¹) (45) dans un appareil à hydrogène dont le tube à entonnoir est remplacé par un tube à boule et à robinet (*fig.* 36). On verse de l'acide chlorhydrique dans l'entonnoir et on ouvre de temps en temps le robinet pour le faire écouler dans le flacon :

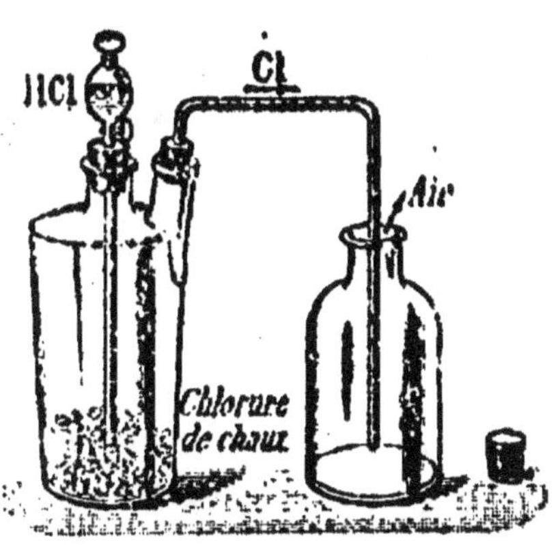

Fig. 36. — Préparation du chlore à froid.

$$CaOCl^2 \; + \; 2HCl \; = \; H^2O \; + \; CaCl^2 \; + \; 2Cl^-.$$
chlorure de chaux   acide chlorhydrique   eau   chlorure de calcium   chlore

Le chlore ainsi obtenu est recueilli à sec.

Industriellement, le chlore est préparé en grand dans une

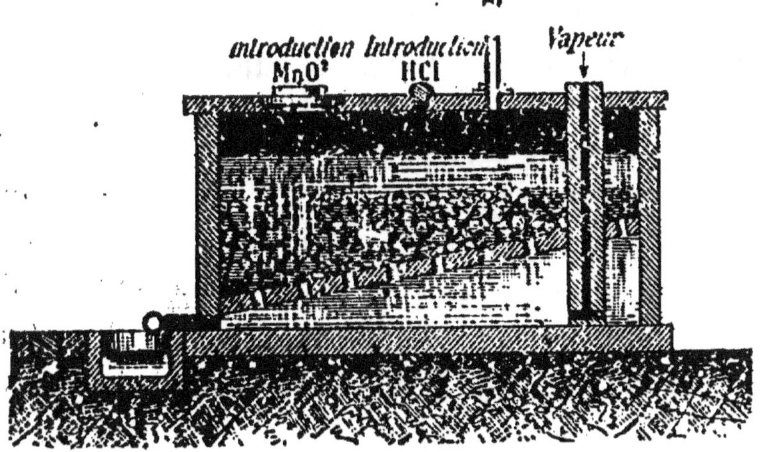

Fig. 37. — Still pour la préparation industrielle du chlore.

série de cuves prismatiques construites en dalles de lave de

______

(¹) Composé de chaux et de chlore. On remarquera que, la chaux

Volvic (*fig.* 37). Ces cuves portent le nom de « stills » ou « pierres ». Chacune d'elles est munie d'un double fond, incliné et percé de trous, pour recevoir le bioxyde de manganèse en morceaux. On chauffe en injectant de la vapeur d'eau au-dessous du double fond par un tube en grès.

Les résidus acides provenant de l'opération sont régénérés par un traitement convenable et peuvent être de nouveau traités par l'acide chlorhydrique.

35. Propriétés physiques. — Le chlore est un gaz jaune-verdâtre, d'une odeur suffocante caractéristique. Il est environ 2 fois 1/2 plus lourd que l'air (1 l. pèse 3 g, 215).

L'eau dissout environ 3 fois son volume de chlore à la température ordinaire. Cette dissolution, appelée *eau de chlore*, s'obtient en remplaçant le tube desséchant de l'appareil producteur de chlore par un flacon laveur aux 3/4 rempli d'eau. On dispose à la suite de ce flacon une éprouvette contenant du lait de chaux, destiné à absorber le chlore en excès.

Si on refroidit de l'eau de chlore à 0°, il se forme des lamelles butyreuses jaunâtres, constituant un *hydrate* de formule $Cl + 5H^2O$.

Le chlore se liquéfie facilement : il suffit de le soumettre à une pression de 6 kg à 0°.

Si on introduit de l'hydrate de chlore dans une des branches d'un tube de verre en forme de V (tube de Faraday), qu'on ferme ce tube à la lampe et qu'on plonge dans de l'eau tiède la branche contenant l'hydrate, pendant que

---

étant formée d'oxygène et d'un métal appelé calcium, ce composé diffère des autres chlorures déjà rencontrés, qui ne contiennent que du chlore et un métal. Aussi le nom de chlorure de *chaux* n'est-il conservé qu'à cause des usages industriels du corps. Ne pas confondre avec le chlorure de calcium, où il n'y a pas d'oxygène.

l'autre branche est entourée de glace (*fig.* 38), le chlore liquéfié se rassemble dans cette dernière sous forme d'un liquide jaune, mobile.

Le chlore se vend à l'état liquide dans des cylindres d'acier, car il n'attaque pas alors les métaux.

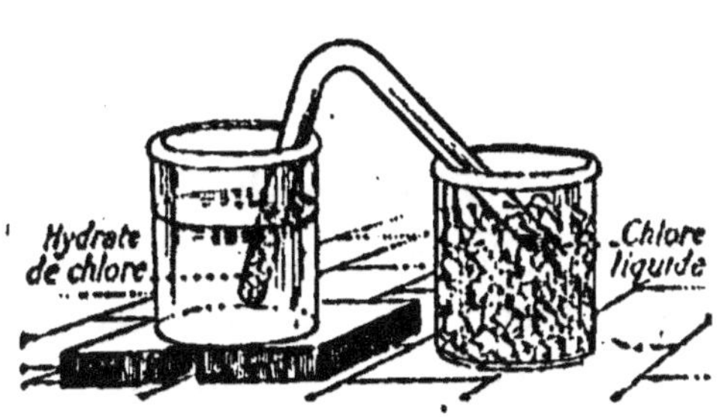

Fio. 38. — Liquéfaction du chlore.

36. Propriétés chimiques. — La propriété caractéristique du chlore est sa grande tendance à s'unir à l'*hydrogène* pour former du gaz acide chlorhydrique. Pour effectuer cette combinaison, on remplit un flacon de volumes égaux de chlore sec et d'hydrogène, en ayant soin d'opérer à une lumière très faible, la lumière d'une bougie par exemple. On enveloppe le flacon d'une épaisse étoffe noire et on le porte à l'écart dans un endroit peu éclairé. On enlève alors l'étoffe, puis, de loin, on projette sur lui un rayon de soleil avec un miroir. Le flacon vole en éclats aussitôt, avec une forte détonation. Si, au lieu d'éclairer vivement le flacon, on le conserve à la lumière diffuse, on voit peu à peu la teinte verdâtre du chlore disparaître et on ne tarde pas à ne plus y trouver qu'un gaz nouveau, combinaison du chlore avec l'hydrogène : l'*acide chlorhydrique* :

$$H + Cl = HCl,$$
$$\text{acide chlorhydrique}$$

qui rougit le tournesol et répand à l'air d'abondantes vapeurs blanches, condensation de l'humidité de l'air dans laquelle il se dissout.

Action sur les métalloïdes. — Le chlore se combine directement avec la plupart des métalloïdes.

Un morceau de *phosphore* sec placé dans une coupelle et introduit dans un flacon plein de chlore fond, puis s'enflamme et se transforme en chlorures, PCl^3 et PCl^5. Citons encore la combustion [1] de l'*antimoine*, qui, finement pulvérisé et projeté dans le chlore, produit une gerbe d'étincelles accompagnées de fumées de chlorure d'antimoine (*fig*. 39).

Fig. 39. — Combustion de l'antimoine dans le chlore.

Action sur les métaux. — Un grand nombre de métaux se combinent avec le chlore à la température ordinaire. Ainsi du *sodium* chauffé (ou divisé par trituration avec du chlorure de sodium), introduit dans le chlore, s'enflamme spontanément en formant du chlorure de sodium. Du *mercure* agité dans un flacon de chlore finit par adhérer au verre sous forme d'un enduit miroitant constitué par du chlorure de mercure. Une feuille d'*or* agitée dans de l'eau de chlore disparaît rapidement.

Fig. 40. — Combustion du cuivre dans le chlore.

(1) On comprend sous le nom de *combustions* non seulement les réactions dues à l'oxygène, mais aussi les réactions d'un gaz quelconque accompagnées d'un fort dégagement de chaleur (17).

Le *fer*, le *cuivre*, l'*étain* doivent être préalablement chauffés : un gros fil de cuivre rouge, légèrement chauffé et introduit dans un flacon plein de chlore, devient incandescent ; il se produit du chlorure de cuivre, CuCl, qui tombe en gouttelettes (*fig.* 40).

Action sur les composés. — A cause de sa grande tendance à s'unir à l'hydrogène, le chlore enlève ce gaz à la plupart des composés hydrogénés.

L'*eau* est décomposée par le chlore sous l'influence de la lumière ou de la chaleur :

$$H^2O + 2Cl = 2HCl + O^2.$$

On évite l'action de la lumière en conservant l'eau de chlore dans des flacons en verre jaune ou noir.

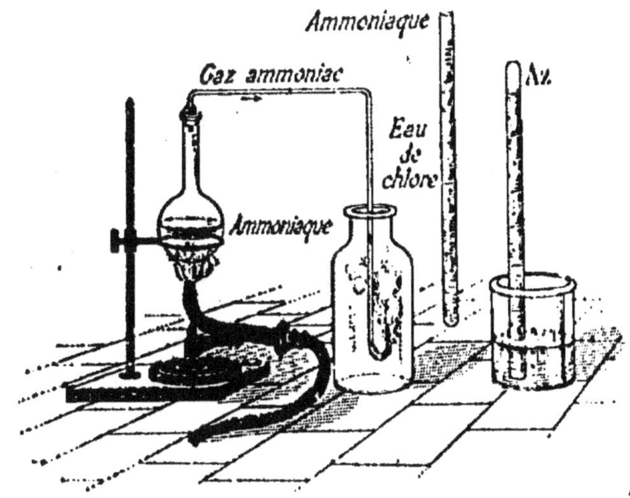

Fig. 41. — Action du chlore sur l'ammoniaque.

L'*acide sulfhydrique* (gaz composé de soufre et d'hydrogène) cède également son hydrogène au chlore :

$$H^2S + 2Cl = 2HCl + S.$$
acide
sulfhydrique

Cette propriété fait du chlore un désinfectant précieux.

Si on fait arriver un courant de *gaz ammoniac* (composé d'azote et d'hydrogène) dans un flacon plein de chlore (*fig.* 41), il y a inflammation et il se produit de l'azote et du chlorure d'ammonium (composé de chlore, d'azote et d'hydrogène) manifesté par des fumées blanches :

$$4AzH^3 + 3Cl = 3AzH^4Cl + Az.$$

ammoniac   chlorure
d'ammonium

Pour montrer le dégagement d'azote, on verse de l'eau de chlore dans un long tube jusqu'aux 9/10, on achève de le remplir avec de l'ammoniaque, puis on bouche le tube avec le doigt et on le renverse sur une cuve à eau (*fig.* 41) : le gaz ammoniac, plus léger, monte à travers l'eau de chlore et est décomposé ; des bulles d'azote se rassemblent au sommet du tube et il se forme en même temps des fumées blanches de chlorure d'ammonium.

Comme nous l'avons déjà vu, le chlore réagit sur la soude caustique pour donner de l'hypochlorite et du chlorure de sodium (mélange dont la solution constitue l'*eau de Javel*) :

$$2Cl + 2NaOH = ClONa + NaCl + H^2O.$$

soude   hypochlorite
caustique   de sodium

On a des réactions analogues avec des composés analogues à la soude, appelés *bases* fortes, avec la potasse par exemple, KOH, où le métal potassium tient lieu du sodium.

Si la solution de soude, au lieu d'être froide, est assez chaude, le courant de chlore n'y détermine plus la formation d'hypochlorite, mais de *chlorate de sodium* :

$$6Cl + 6NaOH = ClO^3Na + 5NaCl + 3H^2O.$$

chlorate
de sodium

Le chlore donne avec la chaux, $Ca(OH)^2$, du *chlorure de chaux* :

$$2Cl + Ca(OH)^2 = CaOCl^2 + H^2O.$$

chaux   chlorure de chaux

Le chlore tendant à se combiner avec l'hydrogène de l'eau, il sera facile à d'autres corps, en sa présence, de s'emparer de l'oxygène de celle-ci, de s'oxyder.

Enfin les *matières organiques* hydrogénées sont plus ou moins attaquées par le chlore. Un morceau de papier à filtre imprégné d'essence de térébenthine (formée d'hydrogène et de carbone) brûle dans le chlore avec une flamme rougeâtre en produisant un dépôt de noir de fumée :

$$C^{10}H^{16} + 16Cl = 16HCl + 10C.$$

essence de térébenthine

Sous l'influence du chlore, les bouchons de liège sont attaqués et jaunis; les matières colorantes d'origine organique sont détruites. Versons de l'eau de chlore dans des verres renfermant respectivement du tournesol et de l'encre (à base de fer): nous verrons ces liquides se décolorer immédiatement. Cette action décolorante du chlore constitue une de ses principales applications.

Action sur l'organisme. — Le chlore est dangereux à respirer. En petite quantité, il détermine une sensation de chaleur à la gorge, accompagnée d'une toux douloureuse : en plus grande quantité, il produit des crachements de sang. On atténue ces accidents en buvant du lait ou en respirant de la vapeur d'eau.

37. Caractères. — On reconnaît le chlore :
1° à sa couleur jaune-verdâtre et à son odeur suffocante ;

2° à ce qu'il bleuit un papier amidonné imprégné d'iodure de potassium (le chlore décompose l'iodure et met en liberté de l'iode, qui colore l'amidon en bleu).

38. Usages. — Le chlore est surtout employé comme *décolorant* et comme *désinfectant*. Dans l'industrie, on a recours au chlore pour extraire le brome et l'iode, pour préparer des produits chlorés, comme le chloral, etc.

SODIUM

Symbole : Na.   Poids atomique : 23.

39. État naturel et préparation. — Le sodium est trop altérable pour exister isolé dans la nature. Il est très abondant à l'état de chlorure (sel de cuisine) (20); on le trouve combiné avec l'azote et l'oxygène dans l'azotate de sodium, AzO^3Na, dans les plantes marines, etc. Nous avons vu qu'on pouvait le retirer du chlorure de sodium par l'électrolyse.

Dans l'industrie, on électrolyse la soude caustique fondue (à 320° environ) dans un vase de fer (*fig.* 42), entre une anode de nickel ou de fer et une cathode de charbon.

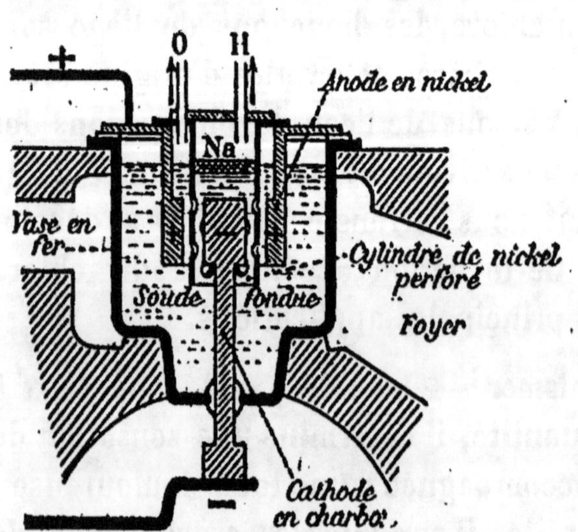

Fig. 42. — Préparation du sodium par électrolyse de la soude caustique fondue.

L'oxygène de la soude se dégage à l'entrée du courant,

l'hydrogène et le sodium à sa sortie. Le sodium fondu monte à la surface de la soude, à l'intérieur d'une sorte de cloche de nickel entourant la cathode et où il est préservé du contact de l'air qui l'oxyderait par l'hydrogène qui se dégage simultanément. On retire de temps en temps avec une cuiller le sodium mis en liberté.

40. Propriétés et usages. — Le sodium est un métal ayant l'éclat de l'argent quand il vient d'être coupé, mais sa surface se ternit rapidement à l'air. Il est mou ; on le coupe facilement avec un couteau. Il fond à 95° et se volatilise au rouge. Ses vapeurs ou celles de ses composés colorent les flammes en jaune (même si le corps ne se trouve qu'en proportion extrêmement faible). Sa densité n'est que 0,97.

Il s'oxyde rapidement à l'air ; aussi le conserve-t-on dans du pétrole. Chauffé, il brûle en donnant des oxydes de sodium (¹). Il décompose l'eau à froid (6), avec dégagement d'hydrogène et production de soude caustique :

$$Na + H^2O = NaOH + H^{-}.$$

Il s'empare de même de l'oxygène de nombreux composés oxygénés, les *réduit*. C'est surtout ce pouvoir réducteur qu'on utilise. Pour avoir des réactions moins violentes, on emploie parfois son amalgame, qui se forme avec dégagement de chaleur et de lumière quand le sodium est mis en contact avec du mercure légèrement chauffé.

____

(¹) D'abord du bioxyde ou peroxyde, Na^2O^2, partie active de l'oxylithe (15), puis, s'il y a excès de sodium, de l'oxyde, Na^2O. Les oxydes au contact de l'eau donnent de la soude caustique :
$$Na^2O + H^2O = 2NaOH,$$
$$Na^2O^2 + H^2O = 2NaOH + O^{-}.$$

On a vu que le sodium brûle dans le chlore pour donner du chlorure, NaCl. Aussi il tend à s'emparer du chlore de nombreux composés. On peut ainsi préparer certains métaux en réduisant leurs chlorures par le sodium. Il y a formation de chlorure de sodium et le métal est mis en liberté. C'est ainsi que l'on obtenait autrefois l'aluminium.

RÉSUMÉ DU CHAPITRE VI

Le *chlore* ne se trouve pas à l'état libre, mais les chlorures, surtout le chlorure de sodium, sont très abondants.

On obtient le chlore industriellement : 1° par l'électrolyse de l'eau salée, où il se dégage à l'anode de charbon ; 2° par contact (procédé Deacon), en faisant brûler de l'acide chlorhydrique dans un courant d'air chaud au contact de chlorure de cuivre ; 3° dans les laboratoires et l'industrie (procédé Scheele) en chauffant ensemble de l'acide chlorhydrique et du bioxyde de manganèse : il se produit du chlorure de manganèse, de l'eau et du chlore ; 4° par l'action de l'acide chlorhydrique sur le chlorure de chaux. On recueille le chlore par déplacement de l'air.

C'est un gaz jaune-verdâtre, lourd (1 l. pèse 3 g, 215), soluble dans l'eau, qui en dissout 3 fois son volume à 10° ; sa solution est l'eau de chlore. Au-dessous de 9° il se forme un hydrate : $Cl + 5H^2O$.

Il s'unit à volumes égaux à l'hydrogène, avec explosion à la lumière vive et lentement à la lumière diffuse : il se forme alors du gaz acide chlorhydrique.

Le chlore se combine directement avec la plupart des métalloïdes. Il forme, avec incandescence, des chlorures de phosphore, d'antimoine. Il se combine avec la plupart des métaux : le sodium, le fer, le cuivre, etc., chauffés, y brûlent ; l'or est attaqué par l'eau de chlore.

Le chlore attaque beaucoup de composés en s'emparant de leur hydrogène. Avec l'acide sulfhydrique il donne de l'acide chlorhydrique et du soufre ; avec l'ammoniac ou l'eau chauffée, de l'acide chlorhydrique et de l'azote ou de l'oxygène. Son action sur l'eau en fait un oxydant, les autres corps pouvant facilement prendre l'oxygène de celle-ci alors qu'il s'empare de l'hydrogène. Il attaque plus ou moins les matières organiques (combustion de l'essence de térébenthine, décolorations). Il est dangereux à respirer, car il attaque les poumons. On l'utilise comme décolorant et comme désinfectant (à cause de son action sur l'acide sulfhydrique, l'ammoniac et les matières organiques).

Le *sodium* se trouve surtout à l'état de chlorure. On l'extrait par électrolyse de la soude caustique. C'est un métal brillant et mou ; sa densité est 0,97 ; il fond à 95°, puis se volatilise au rouge. Il s'oxyde à l'air et y brûle si on le chauffe. Il décompose l'eau à froid ; il s'empare aussi de l'oxygène de beaucoup d'autres corps, les réduit. Il réduit également les chlorures en s'emparant du chlore.

CHAPITRE VII

SOUDE CAUSTIQUE — CHLORURES DÉCOLORANTS

SOUDE CAUSTIQUE

Formule : NaOH. Poids moléculaire : 40.

41. Préparation. — **Préparation électrolytique.** — La soude caustique résulte de l'action de l'eau sur le sodium ou sur son amalgame. Nous avons vu (32) comment on en obtient en électrolysant une solution de chlorure de sodium dans l'eau.

Dans l'industrie on se sert d'anodes en charbon (inattaquables par le chlore) et de cathodes en mercure ou en fer. Dans ce dernier cas, il faut faire en sorte que la soude produite ne se diffuse pas dans l'électrolyte jusque vers l'anode, où elle se combinerait avec le chlore qui s'y dégage. On peut employer à cet effet des diaphragmes poreux, en toile d'amiante par exemple, qui empêchent cette diffusion en séparant la cuve électrolytique en deux parties contenant chacune une des électrodes. On peut aussi, plus simplement, faire circuler l'électrolyte en sens inverse de la diffusion à empêcher : on évite ainsi la résistance électrique des parois poreuses.

Un des systèmes les plus employés est celui de la cloche

(*fig*. 43) : une sorte de cloche, en grès par exemple, recouvre l'anode en charbon A et est entourée inférieure-ment par la cathode cylindrique en fer C. La solution salée arrive dans la cloche et sort par un trop-plein, circulant ainsi de l'anode à la cathode plus vite que la soude ne tend à se diffuser de la cathode à l'anode. Le chlore qui s'accumule dans la cloche sort par un tube de dégagement.

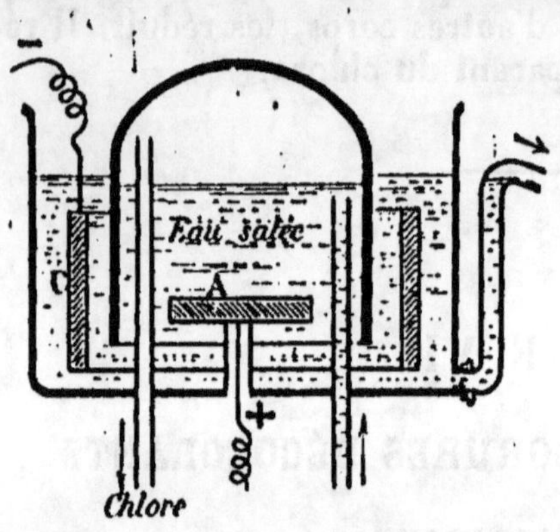

Fig. 43. — Préparation électrolytique de la soude. Système de la cloche.

La solution de soude pro-duite est évaporée dans des capsules de fer où d'argent (le verre ou la porcelaine seraient attaqués). On fond ensuite la soude pour finir d'en chasser l'eau, et on la coule sur une plaque de fer où elle se solidifie en une masse blanche. On le conserve à l'abri de l'air dans des récipients bien fermés.

Préparation chimique. — Ce mode de préparation, encore le plus répandu industriellement, consiste à retirer la soude d'un composé du sodium, le carbonate de sodium, — com-munément employé pour le nettoyage sous le nom de *cristaux*, — sur lequel on fait réagir de la chaux :

$$CO^3Na^2 + Ca(OH)^2 = 2NaOH + CO^3Ca ;$$

carbonate   chaux   soude   carbonate
de sodium   caustique   de calcium

le carbonate de calcium, insoluble, se précipite, et on retire la soude caustique de sa dissolution par évaporation.

42. Propriétés. — Jetons de la soude dans une petite

quantité d'eau : nous la voyons se dissoudre facilement (à 15°, 50 g. peuvent se dissoudre dans 100 g. d'eau); nous constatons en même temps que la solution s'échauffe. La soude tend donc fortement à s'unir à l'eau. Si on laisse à l'air un morceau de soude, on le voit devenir peu à peu humide, puis, au bout de quelque temps, former une solution avec l'humidité de l'air dont elle s'est emparé. C'est donc un corps *déliquescent,* comme le sel de cuisine (30). De plus, laissée longtemps à l'air, la soude se transforme en une matière blanche, qui n'est autre que du carbonate de sodium, des cristaux (41), résultat de sa combinaison avec le gaz carbonique de l'air (22). C'est pour ces raisons qu'on emploie quelquefois en chimie des tubes contenant des morceaux de soude : les gaz qui les traversent lentement y laissent l'humidité et le gaz carbonique qu'ils renferment.

La soude réagit fortement sur beaucoup de composés. Ainsi avec les acides (54), corps rougissant le tournesol, elle forme des composés cristallisables analogues au chlorure de sodium et appelés *sels* :

$$\text{NaOH} + \text{HCl} = \text{NaCl} + \text{H}^2\text{O},$$

soude   acide   chlorure   eau
caustique chlorhydrique de sodium

avec un dégagement de chaleur souvent considérable.

Fonction basique. — Plusieurs autres corps ont des propriétés analogues à celles de la soude : ils donnent des sels et de l'eau en réagissant sur les acides avec dégagement de chaleur, sont électrolysables et bleuissent le tournesol. On les appelle des *bases,* on dit qu'ils ont la *fonction* basique (on dit que plusieurs corps ont la même *fonction* chimique lorsqu'ils jouissent d'un même ensemble de propriétés chimiques importantes).

Action sur l'organisme. — La soude attaque les tissus de l'organisme. Son contact suffit pour dissoudre plus ou moins les aspérités de la peau. C'est pour cela qu'elle est dite *caustique*. Elle est toxique, elle corrode et perce les parois du tube digestif.

43. Usages. — La soude sert à la fabrication des savons et du sodium et à l'électrolyse de l'eau (10), qu'elle rend conductrice.

CHLORURES DÉCOLORANTS

44. Composition. — On désigne sous le nom de *chlorures décolorants* des mélanges de deux composés : l'un de chlore et d'un métal, l'autre de chlore, d'oxygène et du même métal ; le premier est un *chlorure* de ce métal, le second un *hypochlorite*. Selon que le métal est celui qui existe dans la chaux (calcium) ou bien le sodium, on a les deux chlorures décolorants principaux : le *chlorure de chaux* (¹) et (en solution) l'*eau de Javel*.

45. Préparation. — Chlorure de chaux ($CaOCl^2$ ou $(ClO)^2Ca + CaCl^2$). — On l'obtient solide en faisant passer un lent courant de chlore sur de la chaux éteinte, tamisée, étendue sur des tablettes en couches de 10 à 15 cm d'épaisseur. C'est une poudre blanche, à faible odeur de chlore.

(¹) On aura soin de se rappeler que le chlorure de chaux n'est pas un chlorure proprement dit (p. 53, en note).

Eau de Javel. — La solution d'hypochlorite et de chlorure de sodium ($ClONa + NaCl$) qu'on désigne aujourd'hui sous ce nom (son vrai nom est eau de *Labarraque*, l'eau de *Javel* véritable contenant du potassium au lieu de sodium) s'obtient (32) en faisant réagir, par agitation de l'électrolyte, le chlore et la soude dégagés dans la décomposition de l'eau salée.

On peut aussi l'obtenir en mélangeant des solutions de carbonate de sodium et de chlorure de chaux. Il y a réaction et production d'un corps solide en suspension. On le laisse se déposer peu à peu au fond du vase ; le liquide surnageant est de l'eau de Javel. •

46. Propriétés et usages. — Les chlorures décolorants ont pour principale propriété de dégager du chlore et très souvent de l'oxygène sous l'action d'un acide : nous avons vu (34) que le chlorure de chaux donne du chlore avec l'acide chlorhydrique. Ils sont de même décomposés par le gaz carbonique, que l'on peut regarder comme formant dans l'air un acide carbonique. Ils sont donc utilisables à la place du chlore et sont d'un usage beaucoup plus commode. Un kilo de chlorure de chaux peut dégager 100 à 130 litres de chlore, soit le tiers de son poids environ. De là leur emploi général comme désinfectants et décolorants. On met du chlorure de chaux dans les fosses d'aisances en solution de 2 à 5 %. Il sert pour le blanchiment du lin, du chanvre, etc., de la pâte à papier. L'eau de Javel est employée pour le blanchissage du linge. Enfin, les chlorures décolorants sont de très bons *antiseptiques*, c'est-à-dire qu'ils détruisent rapidement les microbes.

Dans le commerce, la richesse des chlorures décolorants

est toujours exprimée en *degrés chlorométriques*. Ces degrés indiquent le nombre de litres de chlore libre à 0° et 76 cm que peut dégager 1 kg du chlorure considéré.

RÉSUMÉ DU CHAPITRE VII

La *soude caustique* se prépare par l'électrolyse de l'eau salée. La solution obtenue est évaporée dans des capsules de fer ou d'argent, puis le résidu est fondu et coulé sur des plaques de fer. On la conserve en flacons bien bouchés.

On l'obtient aussi chimiquement par action de la chaux sur le carbonate de sodium (*cristaux*) dissous.

Elle est très soluble dans l'eau (50 g. en 100 g. d'eau à 15°), déliquescente. Elle se combine avec le gaz carbonique de l'air pour former du carbonate de sodium. Elle sert à dessécher les gaz et retenir leur gaz carbonique.

C'est une *base* énergique. Elle se combine énergiquement avec les *acides* pour former des *sels*.

Elle est *caustique*, c'est-à-dire attaque les tissus de l'organisme.

On l'emploie dans la fabrication des savons et du sodium et dans l'électrolyse de l'eau, qu'elle rend conductrice.

Les *chlorures décolorants* sont des mélanges d'un chlorure (chlore et métal) et d'un hypochlorite (chlore, oxygène et même métal). On prépare le chlorure de chaux en faisant passer du chlore sur de la chaux éteinte ; c'est un solide blanc à faible odeur de chlore. On prépare l'eau de Javel (hypochlorite de sodium) en faisant réagir, par agitation, le chlore et la soude produits dans l'électrolyse de l'eau salée, ou en faisant réagir des solutions de carbonate de sodium et de chlorure de chaux.

Les chlorures décolorants dégagent du chlore sous l'action d'un acide, par exemple l'acide chlorhydrique, ou l'acide carbonique formé par le gaz carbonique de l'air. Ils sont utilisés à la place du chlore (moins facilement transportable) comme désinfectants, antiseptiques et décolorants.

————

CHAPITRE VIII

ACIDE CHLORHYDRIQUE — LOI DES VOLUMES

Formule : HCl.   Poids moléculaire : 36, 5.

47. État naturel. — Ce gaz, qui résulte, comme nous l'avons vu (36), de la combinaison du chlore avec l'hydrogène, se dégage des volcans. Étant très soluble dans l'eau, il se dissout dans les ruisseaux qui descendent des montagnes volcaniques. Le suc gastrique (sécrété dans l'estomac) en contient de 2 à 3/1 000, et c'est pour faire face à cette production que l'homme a besoin de faire entrer du sel (chlorure de sodium) dans son alimentation.

48. Préparation. — On prépare l'acide chlorhydrique en décomposant le chlorure de sodium par l'acide sulfurique (combinaison de soufre, oxygène et hydrogène). Le résidu de la préparation est du sulfate acide de sodium (composé de soufre, oxygène, hydrogène et sodium) :

$$NaCl + SO^4H^2 = SO^4HNa + HCl.$$

chlorure de   acide   sulfate acide   acide
sodium   sulfurique   de sodium   chlorhydrique

On introduit dans un ballon muni d'un tube de sûreté et d'un tube à dégagement (*fig.* 44) du chlorure de sodium fondu (le chlorure de sodium ordinaire serait trop vite attaqué), puis on verse de l'acide sulfurique par le tube de sûreté et on chauffe modérément. Le gaz est recueilli sur le mercure. Comme il est plus lourd que l'air, on peut aussi le recueillir par déplacement dans des flacons

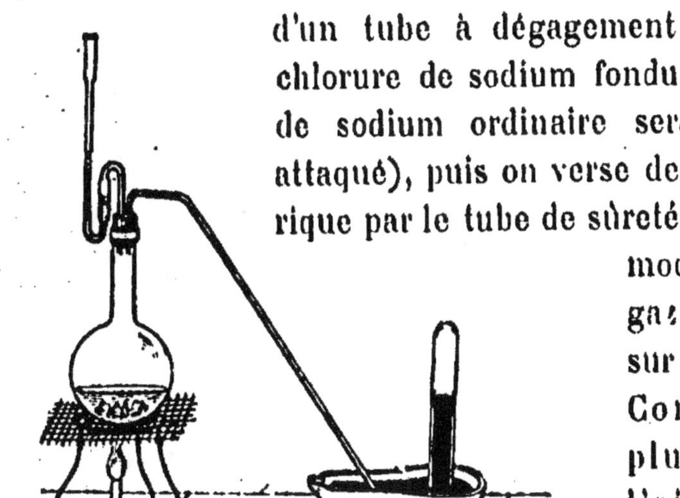

Fig. 44. — Préparation de l'acide chlorhydrique.

bien secs dont l'ouverture est tournée vers le haut.

La *dissolution* d'acide chlorhydrique s'obtient en disposant à la suite du ballon précédent une série de flacons laveurs contenant de l'eau pure. Les tubes qui amènent le gaz dans chaque flacon plongent de quelques millimètres seulement, de sorte que la dissolution, plus dense que l'eau, gagne le fond au fur et à mesure de sa formation.

Dans l'industrie, le sel marin et l'acide sulfurique sont chauffés dans des fours ; la température étant très élevée, le sulfate acide de sodium formé réagit sur le sel marin, et le résultat est du sulfate neutre de sodium (qui ne contient que du soufre, de l'oxygène et du sodium) :

$$2NaCl + SO^4H^2 = SO^4Na^2 + 2HCl.$$

sulfate neutre
de sodium

L'acide chlorhydrique qui se dégage traverse successivement une série de bonbonnes et une tour remplie de coke

Fig. 45. — Condensation industrielle de l'acide chlorhydrique.

(fig. 45); l'eau circule en sens inverse et se charge de plus en plus d'acide chlorhydrique.

La dissolution courante du commerce est d'un jaune

d'ambre ; elle contient un certain nombre d'impuretés, notamment du chlorure de fer, qui lui donne sa couleur jaune et provient de l'attaque de la fonte des fours par l'acide chlorhydrique, de l'acide sulfurique entraîné par le courant gazeux, du chlorure d'arsenic, provenant de l'arsenic que contient généralement l'acide sulfurique employé.

On peut éviter l'emploi de l'acide sulfurique par le procédé Hargreaves, qui consiste en principe à faire réagir sur le sel marin un mélange d'air, de gaz sulfureux et de vapeur d'eau, le tout à 400° :

$$2NaCl + O + SO^2 + H^2O = 2HCl + SO^4Na^2.$$

L'acide chlorhydrique était autrefois le produit accessoire de la fabrication d'un composé important, le sulfate de sodium, SO^4Na^2, avec lequel on préparait les sels de soude du commerce ; aujourd'hui, il est devenu le produit principal. On ne fabrique plus le sulfate de sodium qu'en vue d'obtenir de l'acide chlorhydrique, car les soudes du commerce se préparent maintenant plus économiquement qu'en partant de ce sel.

On peut encore obtenir de l'acide chlorhydrique en laissant couler lentement de l'acide sulfurique dans la dissolution commerciale de ce gaz légèrement chauffée. Le gaz, n'étant guère soluble dans l'acide sulfurique étendu, se dégage.

49. Propriétés physiques. — L'acide chlorhydrique est un gaz incolore fumant à l'air ; ces fumées sont dues à des gouttelettes formées par l'humidité de l'air à laquelle le gaz s'est uni, en produisant une solution moins volatile. Il a une odeur suffocante et une saveur fortement acide. Il est un peu plus lourd que l'air: 1 l. pèse 1 g, 641 ; 1 l. d'air pesant 1 g, 293, sa densité est 1,27.

L'eau, à 0°, dissout 500 fois son volume d'acide chlorhydrique, avec dégagement de chaleur (il n'y a pas simple dissolution, mais aussi formation de composés d'acide chlorhydrique et d'eau, d'hydrates déterminés, que l'on peut parfois isoler). Pour mettre en évidence cette grande solubilité, on ferme un flacon plein de ce gaz par un bouchon portant un tube dont l'extrémité intérieure est effilée et l'autre fermée à la lampe (*fig.* 46). On brise cette dernière après l'avoir introduite dans un vase conténant de l'eau colorée par du tournesol bleu : l'eau s'élève dans le flacon en formant un jet d'eau et en prenant une coloration rouge.

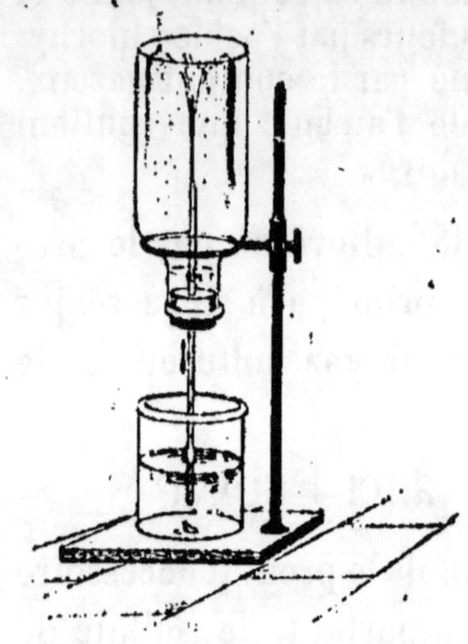

Fig. 46. — Solubilité de l'acide chlorhydrique.

On n'emploie l'acide chlorhydrique qu'à l'état de dissolution. Celle du commerce a une densité de 1,18 et contient 35 % de gaz.

L'acide chlorhydrique se liquéfie assez facilement. Sa température critique est + 52°; il bout à — 35°; il se solidifie vers — 115°.

L'acide chlorhydrique est électrolysable, c'est-à-dire que le courant électrique peut le traverser en le décomposant. En effet de l'eau qui en contient est devenue conductrice et se décompose en hydrogène et oxygène (ce dernier gaz résultant de l'action secondaire du chlore sur l'eau).

50. Propriétés chimiques. — L'acide chlorhydrique rougit fortement le tournesol. Il n'est pas combustible, et une bougie allumée plongée dans ce gaz s'éteint.

Les métalloïdes n'exercent aucune action sur l'acide chlorhydrique, à l'exception de l'oxygène et du silicium. Au rouge sombre l'oxygène forme de l'eau et met le chlore en liberté :

$$2HCl + O = H^2O + 2Cl^{-}.$$

Action sur les métaux. — Tous les métaux, sauf l'or et le platine, sont attaqués par l'acide chlorhydrique ; il se forme un chlorure (métal et chlore) et il se dégage de l'hydrogène.

La réaction se produit à froid et est très vive avec le zinc et avec l'aluminium :

$$Zn + 2HCl = ZnCl^2 + 2H^{-}.$$
chlorure
de zinc

L'acide chlorhydrique est également décomposé à froid par le sodium ; il se forme du chlorure de sodium et l'hydrogène est mis en liberté.

Le fer est transformé en chlorure ferreux, $FeCl^2$. Avec l'étain il faut chauffer légèrement. L'argent et le mercure ne sont attaqués qu'au rouge sombre.

Fig. 47. — Action de l'acide chlorhydrique sur l'ammoniaque.

Action sur les composés. — Le *gaz ammoniac* se combine avec le gaz chlorhydrique volume à volume en formant du chlorure d'ammonium, que l'on a déjà produit par la réaction du chlore sur l'ammoniac (36). Il suffit de mettre en présence les bouchons des flacons à acide chlorhydrique et à ammoniaque pour voir apparaître aussitôt d'épaisses fumées blanches de ce chlorure (*fig. 47*).

L'acide chlorhydrique attaque la plupart des *oxydes métalliques* (métal et oxygène) ou leurs combinaisons avec l'eau (*hydrates*) ; il se produit un chlorure (métal et chlore) et de l'eau :

$$ZnO + 2HCl = ZnCl^2 + H^2O.$$
$$\text{oxyde de zinc}$$

Versons peu à peu de l'acide chlorhydrique dans une dissolution de soude : il se formera du chlorure de sodium, avec un important dégagement de chaleur :

$$NaOH + HCl = NaCl + H^2O.$$

Action sur l'organisme. — Les vapeurs d'acide chlorhydrique exercent une action très irritante sur les yeux et les poumons ; elles provoquent les larmes, la toux, quelquefois des crachements de sang. La dissolution, introduite dans le tube digestif, y produit des ulcérations profondes ; son contrepoison est la magnésie calcinée, qui forme du chlorure de magnésium.

51. Caractères. — Les caractères suivants permettent de reconnaître l'acide chlorhydrique à l'état de gaz ou en dissolution :

1° Il a une odeur piquante et fume à l'air ;

2° Il répand des fumées blanches en présence de l'ammoniaque ;

3° Avec une dissolution d'azotate d'argent, il donne un précipité blanc de chlorure d'argent, devenant violet à la lumière, soluble dans l'ammoniaque.

52. Composition de l'acide chlorhydrique. Loi des volumes. — Pour faire la *synthèse* de l'acide chlorhydrique (36), on abandonne à la lumière diffuse un système de deux flacons d'égal volume dont les cols s'emboîtent exactement et qui ont été remplis préalablement, l'un de chlore, l'autre d'hydrogène (*fig.* 48). Après quelques heures, la couleur du chlore a disparu : si on ouvre alors les deux flacons séparément sur le mercure, on constate que le volume n'a pas changé. De plus, une petite quantité d'eau introduite dans chaque flacon absorbe complètement le gaz.

Fig. 48. — Synthèse de l'acide chlorhydrique.

On déduit de cette expérience qu'*un volume* d'hydrogène, en se combinant avec *un volume* de chlore, forme *deux volumes* d'acide chlorhydrique. Cette observation nous rappelle celle que nous avons faite dans la synthèse de l'eau (4): un volume d'oxygène et deux d'hydrogène donnent deux volumes de vapeur d'eau. Dans les deux cas les rapports des volumes des gaz qui entrent dans la réaction sont des rapports très simples. Si on examine à ce point de vue les autres réactions, on constate toujours cette même simplicité.

Il y a là une loi générale, que l'on appelle loi des combinaisons en volume et que l'on peut énoncer ainsi :

Les volumes de deux gaz qui se combinent sont dans un rapport simple, et le volume du composé formé, s'il est gazeux, est dans des rapports simples avec les volumes des composants.

53. Usages. — L'acide chlorhydrique sert à préparer le chlore, l'hydrogène, le gaz carbonique, etc. Dans l'industric (où il a parfois conservé son ancien nom d'*esprit de sel*), on l'emploie pour préparer les chlorures décolorants, le chlorure d'ammonium, pour extraire la gélatine des os, décaper les métaux avant l'étamage et la galvanisation, décomposer les savons de chaux, laver les sables et argiles employés en céramique, épailler les laines. Ce dernier usage est une application de la propriété que possède la paille de s'émietter dans l'acide chlorhydrique, tandis que la laine y conserve sa souplesse.

Mélangé à l'acide azotique, il constitue l'*eau régale*, qui dissout l'or, le roi des métaux.

54. Fonction acide. Fonction sel. — L'acide chlorhydrique, nous l'avons vu (50), rougit la teinture de tournesol. Il est électrolysable. Il donne avec les métaux de l'hydrogène et une combinaison, appelée chlorure, de chlore et de métal, son hydrogène étant remplacé par le métal. Il réagit de même sur les oxydes, avec formation des mêmes chlorures, résultant du remplacement de l'hydrogène par le métal. Avec les bases, par exemple la soude, il y a vive réaction et formation de chlorure de sodium et eau.

Or il y a beaucoup de corps qui se comportent comme l'acide chlorhydrique, qui ont le même ensemble de propriétés chimiques importantes, la même *fonction* chimique. On indique cet ensemble de propriétés en les désignant sous le nom d'*acides* ou en disant qu'ils ont la *fonction acide*.

Les combinaisons résultant de l'attaque de métaux ou de bases par des acides et consistant dans le remplacement de tout ou partie de l'hydrogène de l'acide par le métal, sont appelées des *sels* ; elles ont la fonction *sel*. Si l'acide est l'acide chlorhydrique, on les appelle *chlorures* des métaux correspondants ; d'une façon générale, leur nom rappelle l'acide qui a permis de les obtenir (73). Les sels sont cristallisables et leurs solutions dans l'eau sont électrolysables.

55. Chlorures. — Les chlorures sont les sels correspondant à l'acide chlorhydrique ; ils sont formés de chlore et d'un métal.

Le chlorure naturel le plus important est le *chlorure de sodium* (20). Le *chlorure de potassium* et le *chlorure de magnésium* accompagnent souvent le chlorure de sodium. Enfin on trouve dans la nature une petite quantité de *chlorure d'argent.*

Préparation. —Quelques chlorures s'obtiennent par l'action directe du chlore sur le métal (chlorures d'étain, de fer) ; la plupart des autres se préparent en faisant agir l'acide chlorhydrique sur le métal ou sur un composé contenant le métal : le zinc, au contact de l'acide chlorhydrique, se transforme en chlorure de zinc (50) ; c'est en dissolvant le carbonate de calcium dans l'acide chlorhydrique qu'on obtient le chlorure de calcium.

Propriétés. — Les chlorures sont généralement solubles dans l'eau ; le chlorure d'argent est insoluble.

L'*hydrogène* réduit la plupart des chlorures à une température plus ou moins élevée (12) : il s'empare du chlore pour former de l'acide chlorhydrique, et le métal est mis en liberté. La réduction est facile à constater avec le chlorure d'argent (*fig.* 49) :

$$AgCl + H = Ag + HCl.$$

Un métal réduit le chlorure des métaux qui tendent moins que lui à s'unir au chlore, qui le font avec un moindre dégagement de chaleur. Ainsi on préparait autrefois l'aluminium en chauffant son chlorure avec du sodium ;

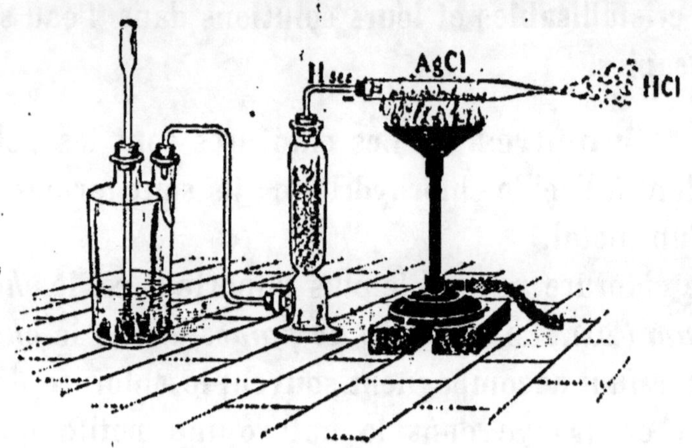

Fig. 49. — Réduction du chlorure d'argent par l'hydrogène.

ce métal, tendant plus que l'aluminium à se combiner avec le chlore, s'en emparait pour former du chlorure de sodium :

$$Al^2Cl^6 + 6Na = 2Al + 6NaCl.$$

chlorure
d'aluminium

Caractères. — Pour caractériser un chlorure solide, on le chauffe avec un peu de *bioxyde de manganèse* et d'*acide sulfurique concentré* ; il se dégage du chlore, reconnaissable à sa couleur verdâtre et à son odeur caractéristique.

Si le chlorure est en dissolution, il donne (de même que l'acide chlorhydrique) avec l'*azotate d'argent* un précipité de chlorure d'argent, blanc, caillebotté, devenant violet à la lumière ; ce précipité est soluble dans l'ammoniaque.

RÉSUMÉ DU CHAPITRE VIII

L'*acide chlorhydrique* se prépare dans les laboratoires en chauffant dans un ballon du sel marin fondu avec de l'acide sulfurique ; il reste du sulfate acide de sodium, et le gaz qui se dégage est recueilli à sec ou sur le mercure. Dans l'industrie, on opère dans des fours et on chauffe assez pour décomposer le sulfate acide formé d'abord, qui, avec l'excès de chlorure de sodium, donne de l'acide chlorhydrique et du sulfate neutre.

C'est un gaz incolore, à odeur piquante, de densité 1,27. L'eau en dissout 500 fois son volume à 0°. Cette dissolution s'obtient en faisant passer le gaz dans des flacons laveurs contenant de l'eau distillée ; elle est incolore et fume à l'air.

L'acide chlorhydrique n'est pas combustible. C'est un acide énergique. Tous les métaux, sauf l'or et le platine, sont attaqués par lui, avec formation de chlorure et dégagement d'hydrogène. Au contact de l'ammoniaque, il produit des fumées blanches de chlorure d'ammonium. Il attaque les bases avec formation de chlorure et d'eau. Il donne avec une solution d'azotate d'argent un précipité de chlorure d'argent, blanc, noircissant à la lumière et soluble dans l'ammoniaque.

Cet acide sert à préparer l'hydrogène, le chlore, la plupart des chlorures métalliques. On l'emploie pour décaper le fer, épailler les laines, etc. Avec l'acide azotique, il forme l'eau régale.

Deux gaz s'unissent toujours dans un rapport simple et le volume du composé, s'il est gazeux, est dans un rapport simple avec les volumes des composants (loi des combinaisons en volume). Ainsi, un volume d'hydrogène, en se combinant avec un volume de chlore, donne deux volumes d'acide chlorhydrique.

On appelle *acides* les corps dont l'hydrogène peut être remplacé par un métal, donnant ainsi un composé appelé *sel*. Les acides rougissent le tournesol.

Les *chlorures* sont les sels correspondant à l'acide chlorhydrique. Le plus répandu dans la nature est le chlorure de sodium. On les prépare par l'action du chlore sur le métal, de l'acide chlorhydrique sur le métal ou un carbonate, etc.

Les chlorures sont presque tous solubles dans l'eau. L'hydrogène les réduit pour la plupart (réduction du chlorure d'argent). Ils sont souvent aussi réduits par les métaux.

CHAPITRE IX

CORPS SIMPLES — CORPS COMPOSÉS

56. Analyse immédiate. — On comprend sous le nom d'*analyse immédiate* un certain nombre de procédés de nature mécanique ou physique permettant de diviser un corps donné en d'autres corps distincts.

Un premier procédé, assez grossier, consiste à séparer à la main les morceaux présentant le même aspect. Ainsi, pour le minerai de fer, c'est-à-dire pour les composés du fer que l'on rencontre dans la nature et d'où l'on extrait ce métal, on procède d'abord à un triage par lequel on sépare les morceaux riches en fer de ceux qui n'en contiennent que très peu (terre, pierres, etc.), qui forment la partie stérile, la *gangue*.

Séparation selon les dimensions et l'état physique. — On classe les corps solides à séparer selon les dimensions de leurs particules ou de leurs morceaux à l'aide de cribles et de tamis dont les ouvertures retiennent tous les morceaux de dimensions supérieures. En se servant de cribles successifs de plus en plus fins, on sépare le tout en portions dont chacune est formée de morceaux de grosseur sensiblement uniforme.

On sépare un solide d'un liquide par filtration, c'est-à-dire en plaçant le solide et le liquide sur une paroi poreuse (papier à filtre, ouate de verre, couche de sable, etc.) qui laisse passer seulement le liquide.

Séparation selon la diffusibilité. — Les différentes substances ont une tendance inégale à traverser les parois poreuses. La différence de diffusibilité a des effets comparables à ceux de la filtration. Ainsi l'hydrogène traverse les parois poreuses plus vite que l'oxygène, et on pourrait utiliser cette propriété pour séparer dans un mélange ces deux gaz.

Des membranes diverses, du papier parchemin par exemple, se laissent traverser plus facilement par certains corps appelés cristalloïdes, que par d'autres appelés colloïdes, les uns et les autres étant en dissolution. Si on plonge dans de l'eau pure en quantité suffisante un vase fermé par du papier parchemin et contenant une solution de jus de betterave, presque tout le sucre y est encore alors que la majeure partie des sels de sodium et de potassium, formant avec le sucre le jus, sont passés dans l'eau extérieure.

Séparation selon la densité. — Un moyen plus parfait que le triage à la main consistera à pulvériser le corps de façon à avoir des grains assez petits pour ne contenir en général que l'un des corps à obtenir, l'oxyde de fer par exemple, et semblables comme dimensions. Si on soumet cette poudre à un courant d'eau ou d'air, tous les grains, étant de mêmes dimensions, tendront également à être entraînés, mais ceux de gangue, plus légers, le seront plus que ceux d'oxyde de fer, que l'on pourra recueillir séparément. De même, si un liquide est formé de liquides différents peu miscibles, il se divisera en couches superposées par ordre de densité ; on pourra soit faire écouler par le fond la plus dense, soit enlever avec précaution, par un siphon par exemple, la plus légère : on dira alors qu'on *décante* le liquide.

Pour opérer plus rapidement, on peut utiliser la force centrifuge, dont l'action peut être rendue très intense, ce qui augmente les effets des différences de densité. On place les corps à subdiviser dans un récipient que l'on peut animer d'un mouvement très rapide de rotation ; le récipient est à parois pleines (écrémeuses, etc.) et les couches superposées s'écoulent par des orifices différents.

Séparation par le magnétisme. — Un aimant attirera seulement les corps magnétiques. Par exemple, dans un minerai de fer, il retiendra, ou fera dévier vers lui, les grains d'oxyde de fer.

Séparation par évaporation. — On sépare un solide dissous en faisant évaporer le dissolvant. En général on active l'évaporation en chauffant; parfois on aspire les vapeurs produites au fur et à mesure. On chauffe par exemple une dissolution de soude caustique dans l'eau pour séparer de celle-ci la soude pure.

Séparation selon la dissolubilité. — Quand on évapore l'eau de mer dans les marais salants, dans les premiers bassins se déposent divers composés de fer et de chaux ; puis, quand la concentration est suffisante, le chlorure de sodium cristallise à son tour, tandis que d'autres corps restent dissous. Inversement, par l'action d'un liquide donné, on pourra enlever d'un corps les parties qui sont les plus solubles dans ce liquide, en ne dissolvant que peu des autres.

On sépare les gaz des liquides où ils sont dissous en chauffant la solution. C'est ainsi que l'on extrait les gaz dissous dans l'eau (7).

Séparation d'après le point de fusion. — Refroidissons graduellement de l'eau de mer : à une certaine température, il se formera de la glace, ne contenant presque que de l'eau, le chlorure de sodium restant dans la partie liquide.

Séparation d'après le point d'ébullition. — Distillons du vin : les vapeurs émises donnent en se condensant de l'alcool mêlé à très peu d'eau, tandis que la richesse en alcool du liquide restant diminue. Liquéfions de l'air par refroidissement graduel: nous avons vu (24) que le premier liquide formé est de l'oxygène. Inversement, de l'air liquide s'enrichit en oxygène à mesure qu'il s'évapore.

Remarque. — Quand, par une des opérations précédentes, on fait en sorte de recueillir à part des autres les corps jouissant à un degré déterminé de la propriété sur laquelle on se fonde, on a une opération *fractionnée*. Ainsi, faisons évaporer graduellement de l'eau de mer: si nous recueillons à part les corps qui cristallisent à un degré bien déterminé de concentration, nous faisons une cristallisation fractionnée. C'est ainsi que l'on obtient le sel de cuisine à part des corps plus et moins solubles que lui. Par la distillation fractionnée de l'air liquide, on sépare une fraction gazeuse riche en azote d'une fraction liquide riche en oxygène.

Il est bon de remarquer que si on répète sur un corps l'opération fractionnée qui l'a fourni, on peut en général le subdiviser de nouveau, car dans la pratique les températures ne sont pas toujours et partout celles que l'on devrait avoir, les cristaux enclosent des liquides, etc. Aussi, quand on veut la séparation complète d'un corps, on répète plusieurs fois sur lui l'opération fractionnée.

57. Corps purs. — Si on fait l'analyse immédiate d'un corps par un procédé déterminé, puis que sur un des corps séparés on répète l'opération, et ainsi de suite tant que cette opération donne des corps différents ; enfin si on analyse de même, mais par un autre procédé, le corps obtenu, le produit de ces opérations par un autre procédé, etc., jusqu'à épuiser tous ceux-ci, on a pour résultat un corps dit *corps pur* ou *espèce chimique*. Un corps pur est donc un corps que l'on ne peut diviser en parties de propriétés différentes par *aucun* des procédés d'analyse immédiate : toutes ses parties possèdent les mêmes propriétés physiques (densité, solubilité, fusibilité, etc.). Les corps d'où on l'a extrait sont des *mélanges* de ce corps pur avec d'autres corps purs. Ainsi, l'eau obtenue par distillation est un corps pur, car on ne peut la subdiviser en d'autres corps par d'autres procédés : congélation, etc. Grâce à l'obtention des corps purs par l'analyse immédiate, on n'a plus à étudier que ceux-ci, en nombre limité, au lieu de l'infinité des mélanges qu'ils peuvent former. De plus, tandis que les propriétés des mélanges varient selon les proportions qu'ils contiennent, celles des corps purs sont toujours les mêmes et nettement définies : le point d'ébullition de l'eau pure est, par exemple, exactement 100° sous la pression 76 cm, puisque sans cela on pourrait séparer dans l'eau diverses parties par distillation fractionnée, et elle ne serait pas un corps pur.

58. Analyse chimique. — L'*analyse chimique* comprend les opérations dont le résultat est la subdivision, la décomposition d'un corps *pur* en des corps *purs* différents de lui et différents entre eux. Appartient donc à l'analyse chimique toute décomposition effectuée par des moyens autres que ceux de l'analyse immédiate, toute décomposition de corps sur lesquels ne peut plus opérer l'analyse immédiate.

L'électrolyse permet l'analyse de nombreux corps. Ainsi elle nous a permis de décomposer l'eau en deux gaz bien différents, l'oxygène et l'hydrogène ; grâce à elle le chlorure de sodium s'est subdivisé en chlore et sodium ; etc.

Nous avons vu également que la chaleur décompose le

chlorate de potassium en oxygène et chlorure de potassium.

Les corps purs que l'on peut ainsi subdiviser sont appelés des *composés* et l'analyse est leur décomposition.

59. Synthèse. — Si, prenant divers corps purs, on les force à former un corps dont ils sont les composants, on dit que l'on a fait la synthèse de ce composé, et le changement dans lequel consiste l'union des composants s'appelle leur *combinaison*.

Les combinaisons sont toujours accompagnées de dégagement ou d'absorption de chaleur; elles sont dites *exothermiques* dans le premier cas, *endothermiques* dans le second. Ainsi la synthèse de l'eau est une combinaison exothermique. Les décompositions, qui sont l'inverse des combinaisons, sont accompagnées des mêmes phénomènes calorifiques, mais en sens inverse. Ainsi 2 g. d'hydrogène et 16 g. d'oxygène, en se combinant pour former 18 g. d'eau, dégagent 69 calories; or, si on décompose 18 g. d'eau par l'électrolyse en 2 g. d'hydrogène et 16 g. d'oxygène, il faut dépenser utilement (à part les pertes dans le reste du circuit) de l'électricité qui, si elle était entièrement transformée en chaleur, donnerait 69 calories.

Les combinaisons ne se font que dans certaines conditions. Ainsi un mélange d'oxygène et d'hydrogène dans l'eudiomètre ne se combine que lorsque passe l'étincelle; la chaleur enflamme un jet d'hydrogène et le fait brûler; la lumière provoque la synthèse de l'acide chlorhydrique...

On remarquera que les divers agents des combinaisons sont aussi les agents des décompositions. Ainsi, si l'on introduit dans l'eudiomètre du gaz ammoniac, AzH^3, et que l'on fasse passer une longue série d'étincelles, on trouve qu'il a été décomposé en azote et hydrogène. De même la lumière, qui permet la combinaison du chlore et de l'hydrogène, décompose le chlorure d'argent. Cette action inverse peut même s'exercer sur un même corps. Ainsi une température assez élevée permet d'effectuer la combinaison formant l'eau ; mais si on chauffe suffisamment la vapeur d'eau formée, elle tend à se décomposer, cette décomposition n'étant arrêtée que par la pression des composants qui se dégagent. En faisant passer de la vapeur d'eau dans un tube de terre poreuse fortement chauffé, on constate que de l'hydrogène diffuse à l'extérieur du tube et qu'il y a de l'oxygène dans la vapeur qui sort du tube, ce qui montre bien que de l'eau s'est décomposée.

La synthèse permet de s'assurer que l'analyse correspondante est exacte. Il pourrait se faire en effet que dans une analyse un composant passât inaperçu, par exemple s'il entre en très faible proportion, tandis que l'on peut, quand on fait une synthèse, s'assurer de la pureté des corps avec lesquels on opère.

60. Différences du mélange et de la combinaison. — Par ce qui précède on distingue facilement les combinaisons des mélanges.

Un composé est un corps pur, ayant des propriétés bien déterminées ; on verra plus loin (62) que la combinaison qui le fournit se fait toujours entre les mêmes proportions des composants. Au contraire, on peut faire des mélanges en proportions quelconques et qui ont des propriétés variant graduellement et à volonté. Pour effectuer un mélange, il n'est pas besoin, comme pour faire réagir les composants d'une combinaison, de circonstances particulières et il ne se produit pas de changement calorifique. Les propriétés du composé diffèrent, souvent à un degré extrême, de celles des composants (l'eau diffère des gaz qui la forment), tandis que les propriétés du mélange sont intermédiaires entre celles des composants.

On a vu nettement toutes ces différences (1) quand, après avoir effectué dans l'eudiomètre le mélange d'oxygène et d'hydrogène, on a provoqué leur combinaison. L'air est un mélange et non un corps pur, car on peut séparer ses constituants par l'analyse immédiate (liquéfaction, différence de solubilité de ses constituants dans l'eau, etc.).

Réactions chimiques. — Quand des corps purs agissent les uns sur les autres de sorte qu'il en résulte des corps purs autres que ceux que l'on avait mis en présence, on dit qu'ils ont *réagi* les uns sur les autres, qu'il y a eu *réaction* entre eux. Ainsi la combinaison est une réaction.

Si on mélange des dissolutions de chlorure de sodium et d'azotate d'argent, on obtient du chlorure d'argent et de l'azotate de sodium : il y a eu, dans cette réaction, double décomposition et double combinaison.

Les réactions sont *vives* quand elles s'accompagnent d'un brusque dégagement de chaleur, *lentes* dans le cas contraire.

61. Corps simples. Métaux et métalloïdes. — Si on fait l'analyse (1), autant qu'il est possible, de tous les corps, on obtient en fin de compte un petit nombre de corps, 80 environ, qui, en se combinant entre eux, forment tous les autres. On appelle ces corps *corps simples* ou *élé-*

------

(1) Bien entendu, on déterminera la composition d'un corps plus exactement que par l'analyse en le reformant par combinaison de ses composants, en en faisant la synthèse.

ments. On veut dire seulement par là qu'on n'a pas pu les décomposer jusqu'à présent, sans rien préjuger de leur substance même.

Parmi les corps simples, on en distingue un certain nombre, environ 60, sous le nom de *métaux*. Les corps que l'on comprend sous ce nom ont, une fois polis, un éclat spécial, dit métallique. Ils sont bons conducteurs de la chaleur et de l'électricité, et la plupart peuvent être étirés en fils et réduits en lames. Ils sont tous solides à la température ordinaire, sauf le mercure. Au point de vue chimique, ils sont caractérisés par ce fait qu'ils ont au moins une base (42) parmi leurs composés. Si on décompose par l'électrolyse un corps ne contenant pas d'hydrogène, le corps mis en liberté à la cathode est un métal.

Tous les corps simples autres que les métaux sont appelés *métalloïdes*. Les métalloïdes conduisent mal la chaleur et l'électricité et sont relativement légers par rapport aux métaux. Quatre d'entre eux sont gazeux à la température ordinaire : ce sont l'oxygène, l'azote, le chlore et le fluor ; un seul est liquide : le brome ; les autres sont solides et ne possèdent généralement pas l'éclat métallique. Ils forment en général au moins un acide en se combinant avec l'oxygène.

Quant à l'hydrogène, l'ensemble de ses propriétés le place entre les métalloïdes et les métaux.

La division des éléments en métaux et métalloïdes est de peu d'importance et d'ailleurs peu nette. Ainsi, l'antimoine est parfois encore considéré comme un métal, l'iode a un éclat métallique, etc.

62. Loi de la conservation de la matière. — Les

corps, en se combinant, forment des composés ayant leurs propriétés particulières et pouvant à leur tour être décomposés, détruits. A travers tous ces changements, le poids de l'ensemble considéré ne change pas : 2 g. d'hydrogène et 16 g. d'oxygène donnent exactement $2 + 16 = 18$ g. d'eau, qui, décomposés, redonneront les poids initiaux des deux gaz. Relativement au poids, les corps n'éprouvent pas de modification en se combinant, comme ils en éprouvent pour d'autres propriétés ; les combinaisons ne se distinguent pas sous ce rapport des mélanges. C'est ce qu'exprime la loi suivante, dite *loi des poids* :

Le poids d'un composé est égal à la somme des poids des corps qui la constituent.

Si on définit essentiellement la matière comme quelque chose qui est mesuré par son poids, on voit que la matière dans ses transformations n'éprouve aucune diminution ni aucun accroissement, ni perte ni création.

La loi des poids, énoncée par Lavoisier en 1789, peut être considérée comme le point de départ de la chimie moderne.

Il est facile de la vérifier. Il suffit de peser les corps que l'on veut faire réagir, puis le composé produit. Plaçons sur un plateau de balance deux vases contenant une dissolution d'azotate d'argent et de l'acide chlorhydrique et faisons la tare ; mélangeons les deux liquides : il se produit du chlorure d'argent et de l'acide azotique ; si nous replaçons le tout sur le plateau de la balance, l'équilibre persiste.

63. Loi des proportions définies. — On a vu (4)

que l'oxygène et l'hydrogène ne se combinaient qu'en des proportions bien déterminées pour former de l'eau, soit 1 volume du premier avec 2 volumes du second exactement. C'est là un fait général, qui est exprimé par la *loi des proportions définies* :

Pour former un composé déterminé, les composants s'unissent toujours dans les mêmes proportions.

Il résulte de cette loi que, si on fait l'analyse d'un composé déterminé, on trouvera toujours les mêmes constituants unis dans les mêmes proportions.

RÉSUMÉ DU CHAPITRE IX

L'analyse immédiate permet de subdiviser un corps en plusieurs autres différents entre eux. Elle peut consister en un triage mécanique ou reposer sur la différence des propriétés physiques des corps séparés : on utilise ainsi les différences de la densité, du magnétisme, de la solubilité, de la fusibilité, des points d'ébullition... Par ces opérations *fractionnées* on sépare des fractions du corps douées de propriétés différentes.

En épuisant la série des procédés d'analyse immédiate sur les produits successifs qu'on obtient, on arrive à des corps que l'on ne peut plus subdiviser ainsi : on les appelle *corps purs*. Ils sont en nombre limité, et leurs propriétés sont bien déterminées, par suite même des opérations ayant permis de les obtenir et définir.

La plupart des corps pur peuvent, par le moyen de l'*analyse chimique*, être subdivisés à leur tour : ce sont donc des *composés*, résultant de la *combinaison* d'autres corps.

On vérifie l'analyse et on s'assure de la composition d'un corps pur en en faisant la *synthèse*, c'est-à-dire en le reformant par la combinaison des composants. Les décompositions et combinaisons sont déterminées par les mêmes agents : chaleur, électricité, lumière, etc.

Une combinaison se distingue d'un mélange en ce que : les composés sont des corps purs à propriétés bien déterminées ; ces propriétés diffèrent de celles des composants ; une combinaison se fait avec dégagement ou absorption de chaleur, en nécessitant certaines circonstances (chaleur : allumage des combustibles ; lumière : combinaison de chlore et hydrogène) ; enfin elle a lieu entre des proportions déterminées des composants.

Il y a réaction chimique entre des corps en présence quand il y a production de corps purs autres que ceux ci.

Les corps que l'on ne sait pas décomposer sont dits *corps simples* ou *éléments.* Il y en a environ 80.

Les *métaux* (il y en a 60 environ) ont un éclat métallique et conduisent la chaleur et l'électricité ; ils sont solides, sauf le mercure, et en général façonnables en fils et plaques. Ils forment chacun au moins une base.

Tous les corps simples autres que les métaux s'appellent *métalloïdes.*

Le poids des composants est égal au poids du composé (*loi de la conservation de la matière*).

Pour former un composé déterminé, les composants s'unissent toujours dans les mêmes proportions (*loi des proportions définies*).

CHAPITRE X

NOTATION CHIMIQUE — NOMENCLATURE

64. Symboles des corps simples. — On appelle symbole d'un corps simple une désignation abrégée de ce corps. On est convenu de prendre comme symbole de chaque corps la lettre initiale du nom (par exemple O pour l'oxygène) ou, pour distinguer les éléments dont le nom commence par la même lettre, cette initiale avec une autre lettre prise dans la suite du nom (ainsi, carbone = C, chlore = Cl, cuivre = Cu). Il y a quelques exceptions, dues à ce que le nom où l'on a pris les lettres des symboles n'est plus employé (par exemple Na, symbole du sodium, vient du nom latin *natrium*). L'azote a pour symbole soit Az, soit N, initiale de *nitrogène* (nom surtout usité en Allemagne et en Angleterre).

65. Poids atomique. — On est convenu de faire représenter aux symboles des poids déterminés des corps, que l'on appelle poids atomiques. Ainsi H représente un poids 1 d'hydrogène et O un poids 16 d'oxygène. L'unité de poids n'est pas fixée, de sorte que les nombres n'indiquent que des rapports : O représente un poids d'oxygène 16 fois plus grand que le poids d'hydrogène représenté par H.

En général, dans les calculs, on convient de prendre le gramme pour unité ; les poids atomiques sont alors appelés des atomes-grammes ; ainsi Az représente 14 grammes d'azote.

66. Volume atomique. — C'est le volume occupé par un atome-gramme d'un corps gazeux ou à l'état de vapeur, ce volume étant mesuré à 0° et sous la pression 76 cm. Il est donc déterminé par le poids atomique et par la densité du corps à l'état gazeux. Les nombres adoptés comme atomes-grammes sont tels que les volumes atomiques correspondants sont presque tous égaux à environ

$$\frac{22\,l,4}{2} = 11\,l,2.$$

Quelques volumes atomiques sont égaux à $\dfrac{22\,l,4}{4} = 5\,l,5$. Tels sont ceux du phosphore et de l'arsenic.

Enfin il y a des volumes atomiques égaux à $22\,l,4$. Tels sont ceux du mercure, du zinc, de l'argon.

67. Tableau des poids atomiques. — Nous donnons ci-après un tableau des principaux éléments avec leurs poids atomiques en nombres ronds.

MÉTALLOÏDES			MÉTAUX		
ÉLÉMENT	SYMBOLE	POIDS ATOMIQUE	ÉLÉMENT	SYMBOLE	POIDS ATOMIQUE
Antimoine	Sb	120	Aluminium	Al	27
Argon	Ar	40	Argent	Ag	108
Arsenic	As	75	Baryum	Ba	137,5
Azote	Az ou N	14	Calcium	Ca	40
Bore	B	11	Chrome	Cr	52
Brome	Br	80	Cuivre	Cu	63,5
Carbone	C	12	Étain	Sn	119
Chlore	Cl	35,5	Fer	Fe	56
Fluor	F	19	Magnésium	Mg	24,5
Hélium	He	4	Manganèse	Mn	55
Hydrogène	H	1	Mercure	Hg	200
Iode,	I	127	Nickel	Ni	59
Krypton	Kr	83	Or	Au	197
Néon	Ne	20	Platine	Pt	195
Oxygène	O	16	Plomb	Pb	207
Phosphore	P	31	Potassium	K	39
Silicium	Si	28	Sodium	Na	23
Soufre	S	32	Uranium	U	238,5
Xénon	X	130	Zinc	Zn	65,5

68. Formules des corps composés. — Les symboles des corps simples servent par leur groupement à désigner les composés : on écrit successivement les symboles des composants et on indique par des exposants quel nombre d'atomes-grammes de chaque élément est entré dans la combinaison ; on obtient ainsi la *formule* du corps. Par exemple, la formule de l'eau, H^2O, indique qu'elle est composée de $2 \times 1 = 2$ g. d'hydrogène et 16 g. d'oxygène. On remarquera que les exposants des divers composants sont toujours *entiers*.

69. Poids moléculaire et volume moléculaire. — **Cas des corps composés.** — Le poids moléculaire d'un composé est le nombre qu'on obtient en remplaçant dans la formule, qui représente une quantité déterminée, une *molécule* de ce corps, chaque symbole par le poids atomique qu'il représente, en multipliant par le coefficient correspondant et en additionnant.

Si on prend le gramme pour unité, on fait représenter aux symboles des atomes-grammes, et le poids moléculaire devient la *molécule-gramme*. D'après la formule H^2O, la molécule-gramme de l'eau est

$$2 \times 1 + 16 = 18\,g.$$

On appelle *volume moléculaire* le volume du composé gazeux, mesuré à 0° et sous la pression 76 cm, qui correspond à la molécule-gramme.

La molécule-gramme d'eau est 18 g. ; 1 l. de vapeur d'eau pèse 0 g, 809 ; le volume correspondant à la molécule-gramme est donc $\dfrac{18}{0,809} = 22\,l, 4$ environ.

La molécule-gramme d'acide chlorhydrique est 36 g, 5 : 1 l. d'acide chlorhydrique pèse 1 g, 64 ; le volume correspondant à la molécule-gramme est donc $\dfrac{36,5}{1,64} = 22\,l, 4$ environ.

En calculant le volume correspondant à la molécule-gramme des divers composés, on constaterait qu'il est le même pour tous et égal à environ 22 l, 4.

On peut, par suite, donner cette définition du poids moléculaire :

Le poids moléculaire d'un corps composé est le poids de ce corps pris à l'état gazeux qui occupe, à 0° et sous la pression 76 cm, un volume égal à 22 l, 4.

Cas des éléments. — On a trouvé commode d'étendre aux éléments les notions de volume moléculaire (volume du corps à l'état gazeux égal à 22 l, 4) et de poids moléculaire (poids correspondant au volume moléculaire).

70. Atomicité. — Le volume atomique, ainsi que nous l'avons vu, est égal à $\dfrac{22\,l,\,4}{2}$ pour presque tous les corps, à $\dfrac{22\,l,\,4}{4}$ pour quelques-uns, à 22 l, 4 pour quelques autres.

Ainsi le volume moléculaire est généralement le double du volume atomique, et pour la majorité des éléments la molécule est dite *diatomique* ; elle est dite *monoatomique* quand le volume moléculaire est égal au volume atomique, *tétratomique* quand le volume moléculaire est quatre fois plus grand que le volume atomique.

71. Équations chimiques. — Pour se rendre compte rapidement des réactions chimiques, on représente celles-ci par des équations. Le premier membre d'une équation renferme les symboles et formules des corps qui réagissent les uns sur les autres ; le second, les symboles et formules des corps résultant de la réaction.

Pour exprimer l'analyse de l'oxyde de mercure (5), on écrira :

$$HgO = Hg + O^2.$$

La préparation de l'hydrogène par le zinc et l'acide sulfurique est donnée par la formule

$$Zn + SO^4H^2 = SO^4Zn + 2H^2 ;$$

zinc   acide   sulfate   hydrogène
sulfurique   de zinc

la réduction de l'oxyde de cuivre par l'hydrogène s'écrit

$$CuO + 2H = Cu + H^2O,$$

et celle du chlorure d'argent,

$$AgCl + H = HCl + Ag.$$

Dans la préparation de l'oxygène par l'oxylithe, on exprime la réaction par la formule suivante :

$$Na^2O^2 + H^2O = 2NaOH + O^{\nearrow};$$

dans la préparation par le chlorate de potassium en présence du bioxyde de manganèse, le chlorate se décomposant régulièrement en chlorure de potassium et oxygène,

on a $$ClO^3K = KCl + 3O^{\nearrow},$$
chlorate de   chlorure de   oxygène
potassium   potassium

72. Fonctions chimiques. — Les corps composés peuvent être partagés en un certain nombre de groupes, caractérisés chacun par un ensemble des propriétés communes constituant ce que l'on appelle la *fonction chimique* du groupe (42).

Les trois groupes les plus importants sont les acides, les bases et les sels, dont nous rappellerons les définitions :

Acides. — *Les acides sont des composés qui renferment de l'hydrogène pouvant être remplacé en tout ou en partie par un métal.* Ils rougissent la *teinture de tournesol*; étendus d'eau, ils ont une saveur aigre, analogue à celle du vinaigre.

Les acides les plus usuels sont l'acide sulfurique, SO^4H^2, l'acide chlorhydrique, HCl, et l'acide azotique, AzO^3H.

Bases. — *Les bases sont des composés renfermant un métal pouvant se substituer à l'hydrogène d'un acide.* Leurs dissolutions ramènent au bleu la teinture de tournesol rougie par un acide; elles ont une saveur âcre ou caustique.

La potasse, KOH, la soude, $NaOH$, la chaux éteinte, $Ca(OH)^2$, sont des bases importantes.

Sels. — *Les sels dérivent des acides dont l'hydrogène a été remplacé en tout ou en partie par un métal.* Ce remplacement se produit principalement quand on fait agir un acide sur un métal, comme dans la préparation de l'hydrogène, ou quand on fait agir un acide sur une base. Dans ce dernier cas, la formation du sel est accompagnée d'une élimination d'eau. Ainsi, quand nous versons de l'acide chlorhydrique dans une dissolution de potasse, du chlorure de potassium, KCl, prend naissance et une molécule d'eau est mise en liberté :

$$HCl + KOH = KCl + H^2O.$$

73. Nomenclature des composés. — Anciennement les composés connus portaient des noms arbitraires, ne rappelant en rien leur mode de formation. En 1782, Guyton de Morveau publia une nomenclature systématique et réellement scientifique, dont les règles sont encore en grande partie adoptées aujourd'hui.

Les règles de nomenclature les plus simples se rapportent aux acides et aux sels.

Nomenclature des acides. — Les acides peuvent être divisés en deux groupes : les hydracides et les oxacides.

Les *hydracides* ne sont formés que de deux éléments dont l'un est nécessairement de l'hydrogène. Pour les nommer, on ajoute au mot « acide » la racine du nom de l'élément uni à l'hydrogène avec la terminaison « hydrique » : acide chlorhydrique, HCl, acide sulfhydrique, H^2S.

Les *oxacides* renferment, outre l'hydrogène, de l'oxygène. On les nomme en ajoutant la terminaison « ique » au nom du corps qui s'unit à l'oxygène et à l'hydrogène : acide carbonique, CO^3H^2. Si ce même corps forme deux acides différents, on laisse la terminaison « ique » à celui qui contient le plus d'oxygène et on donne la terminaison « eux » à celui qui en contient le moins : acide azoteux, AzO^2H, acide azotique, AzO^3H. Enfin, si le nombre des acides est supérieur à deux, on les distingue par les préfixes *per* (qui signifie plus oxygéné relativement), *hypo* (qui signifie moins oxygéné) : acide hyposulfureux, $S^2O^3H^2$, acide sulfureux, SO^3H^2, acide sulfurique, SO^4H^2, acide persulfurique, SO^4H.

Nomenclature des sels. — Les sels correspondant aux hydracides se nomment en donnant la terminaison *ure* à l'élément qui est uni au métal : chlorure de sodium, $NaCl$, iodure de potassium, KI, sulfure de zinc, ZnS.

Pour nommer un sel correspondant à un oxacide, on énonce d'abord le nom de l'oxacide dont il dérive, en changeant la terminaison *ique* en *ate* et la terminaison *eux* en *ite* ; puis on fait suivre le nom ainsi formé de celui du métal substitué à l'hydrogène de l'acide : sulfite de zinc, SO^3Zn, sulfate de sodium, SO^4Na^2.

Certains acides peuvent former plusieurs sels. Ainsi, si au

lieu de remplacer tout l'hydrogène de l'acide sulfurique par le sodium par exemple, on n'en remplace que la moitié, on a du sulfate acide de sodium, SO^4HNa. L'acide phosphorique, PO^4H^3, a trois atomes d'hydrogène remplaçables : on dit qu'il est tribasique ; il forme les phosphates monocalcique, $(PO^4)^2H^4Ca$, bicalcique, $(PO^4)^2H^2Ca^2$, et tricalcique, $(PO^4)^2Ca^3$.

Un acide bibasique s'appelle aussi un *biacide* ; un acide tribasique, un *triacide*.

Nomenclature des anhydrides. — Les anhydrides sont des composés qui, en se combinant avec l'eau, donnent naissance à des acides. On les nomme en ajoutant au nom du corps qui s'unit à l'oxygène la terminaison *ique* : anhydride carbonique, CO^2. Si le même corps forme avec l'oxygène deux anhydrides différents, on laisse la terminaison *ique* à celui qui contient le plus d'oxygène, et on donne la terminaison *eux* à celui qui en contient le moins : anhydride arsénieux, As^2O^3, anhydride arsénique, As^2O^5. Enfin, si le nombre des anhydrides est supérieur à deux, on les distingue par les préfixes *per* (qui signifiera plus oxygéné), *hypo* (qui signifiera moins oxygéné) : anhydride sulfureux (SO^2), anhydride sulfurique (SO^3), anhydride persulfurique (S^2O^7).

Nomenclature des oxydes. — Les oxydes sont des composés oxygénés qui ne donnent pas d'acides en réagissant sur l'eau. Pour les nommer, on fait suivre le mot *oxyde* du nom de l'élément combiné à l'oxygène : oxyde de zinc, ZnO. Si le même élément forme plusieurs oxydes, on les distingue soit par des terminaisons *eux* ou *ique* : oxyde cuivreux, Cu^2O, oxyde cuivrique, CuO ; soit par des préfixes : *proto, sesqui, bi,...*, qui signifient 1, 1 1/2, 2,... atomes d'oxygène : protoxyde de manganèse, MnO, sesquioxyde de manganèse, Mn^2O^3, bioxyde de manganèse, MnO^2, etc.

Par exception, certains oxydes ont conservé les noms qu'ils possédaient avant l'établissement de la nomenclature ; ainsi on dit couramment *chaux* pour oxyde de calcium, CaO, *baryte* pour oxyde de baryum, BaO, *magnésie* pour oxyde de magnésium, MgO, *alumine* pour oxyde d'aluminium, Al^2O^3.

Nomenclature des composés binaires ne renfermant ni oxygène ni hydrogène. — Leur nomenclature est soumise à la règle suivante : on termine par *ure* le nom du corps qui, dans la décomposition du composé par l'électrolyse, se porterait au pôle positif, et on le fait suivre du nom du second élément. On emploie encore comme précédemment les terminaisons *eux* et *ique* pour ce dernier, et les préfixes *proto, sesqui, bi,......* pour l'élément terminé en *ure* : chlorure de potassium, KCl; sulfure de carbone, CS^2; chlorure ferreux, $FeCl^2$, chlorure ferrique, Fe^2Cl^6; protosulfure de fer, FeS, sesquisulfure de fer, Fe^2S^3, bisulfure de fer, FeS^2; etc.

Les combinaisons et mélanges résultant de l'union de deux ou plusieurs métaux se nomment *alliages* : alliage de cuivre et de zinc. Si l'un des métaux est le mercure, la combinaison porte le nom d'*amalgame* : amalgame d'or, amalgame d'étain.

Nomenclature des bases oxygénées. — Elles prennent naissance dans l'union d'un oxyde métallique avec l'eau. On les appelle *hydrates* et l'on ajoute à ce nom celui du métal : hydrate de potassium, KOH, hydrate de cuivre, CuO^2H^2.

74. Premières notions sur la valence. — Si l'on examine les formules des combinaisons gazeuses que forme l'hydrogène avec les métalloïdes, on est conduit à diviser ceux-ci en un certain nombre de groupes tels qu'un atome des métalloïdes d'un même groupe se combine avec le même nombre d'atomes d'hydrogène.

Le 1er groupe comprend le fluor, le chlore, le brome et l'iode : un atome de chacun de ces éléments fixe toujours un atome d'hydrogène, pour donner les molécules HF, HCl, HBr, HI. On exprime ce fait en disant que ces quatre métalloïdes sont *monovalents*.

L'oxygène, le soufre, le sélénium et le tellure composent le 2e groupe et sont *bivalents* : chaque atome de ces métalloïdes fixe deux atomes d'hydrogène dans les molécules H^2O, H^2S, H^2Se, H^2Te.

Chaque atome d'azote, de phosphore, d'arsenic et d'antimoine se combine avec trois atomes d'hydrogène; il en résulte les molécules AzH^3, PH^3, AsH^3, SbH^3. Ces métalloïdes sont *trivalents*.

Enfin le carbone et le silicium sont *tétravalents* dans leurs combinaisons hydrogénées, CH^4 et SiH^4.

La valence d'un métalloïde est donc définie par le nombre d'atomes d'hydrogène auquel s'unit un atome de ce métalloïde.

Les combinaisons des métaux avec l'hydrogène étant peu connues, on détermine leur valence par rapport au chlore, ce qui revient en somme au même, puisque le chlore est monovalent.

La plupart des métaux sont bivalents ; exemples : $CaCl^2$, $BaCl^2$, $MgCl^2$, $ZnCl^2$, $FeCl^2$.

Les métaux dits *alcalins* et l'argent sont monovalents : KCl, $NaCl$, $AgCl$.

L'or et le bismuth sont trivalents : $AuCl^3$, $BiCl^3$.

Le platine et l'étain sont tétravalents : $PtCl^4$, $SnCl^4$.

La valence permet de prévoir la formule des sels d'après celle de l'acide. Un atome d'un métal mono-, bi-, tri-......valent devra remplacer 1, 2, 3,.... atomes d'hydrogène de l'acide, et si une molécule de celui-ci n'en contient pas assez, il réagira sur plusieurs. Ainsi Na, métal monovalent, donne, avec HCl, $NaCl$; tandis que Zn doit réagir sur $2HCl$ pour donner $ZnCl^2$; on a de même les sulfates SO^4Na^2 et SO^4Fe.

RÉSUMÉ DU CHAPITRE X

On représente les éléments par leur initiale, suivie, quand il y en a plusieurs dont le nom commence de même, d'une autre lettre du nom (O, Az, Al, As, etc.) : c'est leur *symbole*. Quelques symboles sont tirés de noms latins (Na, K, etc.).

Chaque symbole représente un certain poids du corps, son *poids atomique*. Si ce poids est exprimé en grammes, ce même nombre représente des *atomes-grammes*. A chaque atome-gramme d'un corps considéré à l'état gazeux correspond un certain volume (mesuré à 0° et sous la pression 76 cm), que l'on appelle *volume atomique*. Les volumes atomiques sont la plupart égaux à $\frac{22\,l,4}{2}$; quelques-uns, comme celui du phosphore, valent à $\frac{22\,l,4}{4}$, quelques autres (zinc, mercure.....) sont égaux à 22 l, 4.

La *formule* d'un composé est la réunion des symboles des corps simples composants, chaque symbole ayant un exposant entier égal au nombre d'atomes du corps simple correspondant qui entrent dans la combinaison.

La formule représente un poids du composé, appelé *poids molé-culaire*, qui est égal à la somme des poids des composants. Si on prend le gramme pour unité, la somme des atomes-grammes repré-sente la *molécule-gramme*, qui a un volume gazeux constant de 22 l, 4 (mesuré à 0° et sous la pression 76 cm) : c'est le *volume mo-léculaire*.

Les réactions chimiques s'expriment par des *équations*, dont le premier membre renferme les symboles et formules des corps réagissant, le second les symboles et formules des produits obtenus.

Les *acides* renferment de l'hydrogène remplaçable par un métal ; ils rougissent la teinture de tournesol. Les *bases* renferment un métal ; elles ramènent au bleu le tournesol rougi par un acide. Les *sels* résultent du remplacement de l'hydrogène des acides par des métaux.

Les hydracides prennent la terminaison « hydrique », les oxacides les terminaisons « eux » ou « ique ». Les sels correspondant aux hydracides prennent la terminaison « ure » ; ceux qui correspondent aux oxacides, les terminaisons « ite » ou « ate ».

CHAPITRE XI

PROBLÈMES

75. Densités à l'état gazeux. — Densité des corps simples. — Nous avons vu (66) que, pour les éléments diatomiques (70), qui sont en très grande majorité, l'atome-gramme m du corps à l'état gazeux a un volume de 11 l, 2 environ, mesuré à 0° et sous la pression 76 cm. Le poids p d'un litre de ces corps s'obtiendra en divisant l'atome-gramme par ce volume :

$$p = \frac{2m}{22,4}.$$

Ainsi, le poids atomique de l'oxygène étant 16, 16 g. de ce gaz occupent à 0° et sous la pression 76 cm un volume de 11 l, 2, et le poids d'un litre est $p = \dfrac{2 \times 16}{22,4} = 1,43.$

Le poids d'un litre d'air étant 1 g, 293, la densité d, par rapport à l'air, d'un des éléments considérés sera

$$d = \frac{p}{1,293} = \frac{2m}{22,4 \times 1,293} = \frac{2m}{28,9} \text{ environ.}$$

Ainsi la densité de l'oxygène est environ $\dfrac{2 \times 16}{28,9} = 1,10$.

Pour les quelques éléments tétratomiques (phosphore, arsenic) ou monoatomiques (mercure, zinc), les formules précédentes deviendraient respectivement :

$$p = \frac{4m}{22,4}, \qquad d = \frac{4m}{28,9} ;$$

$$p = \frac{m}{22,4}, \qquad d = \frac{m}{28,9}.$$

Inversement, connaissant la densité ou le poids du litre d'un élément à l'état gazeux, on peut facilement en retrouver le poids atomique.

Densité des composés. — La molécule-gramme M d'un composé à l'état gazeux ayant un volume de 22 l, 4 environ (69), un litre pèsera $p = \dfrac{M}{22,4}$, et la densité sera

$$d = \frac{p}{1,293} = \frac{M}{22,4 \times 1,293} = \frac{M}{28,9}.$$

Ainsi, pour l'acide chlorhydrique, HCl, la molécule-gramme vaut $1 + 35,5 = 36$ g, 5 ; elle a un volume de 22 l, 4 ; donc 1 litre pèse $\dfrac{36,5}{22,4} = 1$ g, 63 environ, et la densité est

$$\frac{36,5}{28,9} = 1,26 \text{ environ.}$$

76. Réactions en volume à l'état gazeux. — Nous savons que les composés ont des formules représentant 22 l, 4 du corps à l'état gazeux ; que, d'autre part, les symboles des éléments gazeux ou à l'état de vapeur représentent un volume de $\dfrac{22\,l, 4}{n}$, n étant égal à 1, 2 ou 4 selon qu'il s'agit d'un élément mono-, di- ou tétratomique. Le volume moléculaire des composés est donc le même, deux fois plus grand ou quatre fois plus grand que les volumes atomiques des éléments. Rien n'est plus facile que de comparer les volumes gazeux des corps réagissant. Par exemple, la formule qui exprime la formation de l'eau,

$$2H + O = H^2O.$$
$$\text{2 vol.} \quad \text{1 vol.} \quad \text{2 vol.}$$

met en évidence que le volume de vapeur d'eau produit est le même que celui de l'hydrogène et le double de celui de l'oxygène.

La formule de la combustion du phosphore donnant de l'anhydride phosphorique, P^2O^5 :

$$2P + 5O = P^2O^5,$$
$$\text{1 vol.} \quad \text{5 vol.} \quad \text{2 vol.}$$

montre que 1 volume de vapeur de phosphore sert à former 2 volumes de vapeurs d'anhydride.

En présence d'un excès de mercure, le chlore donne du chlorure mercureux, HgCl, et l'on a

$$Hg + Cl = HgCl$$
$$\text{2 vol.} \quad \text{1 vol.} \quad \text{2 vol.}$$

77. Réactions en poids. — Cherchons par exemple quel poids d'hydrogène peuvent produire 3 g. d'acide sulfurique, SO^4H^2, d'après la réaction

$$SO^4H^2 + Zn = SO^4Zn + 2H.$$

On voit que SO^4H^2, soit, en se reportant au tableau des poids atomiques, un poids de

$$32 + 4 \times 16 + 2 \times 1 = 98 \text{ g. d'acide sulfurique,}$$

a produit 2H, soit 2 g. d'hydrogène ; donc 3 g. produiront

$$\frac{2}{98} \times 3 = 0\ g,061.$$

Il est souvent commode dans les problèmes d'écrire sous les symboles et formules d'une équation chimique les poids correspondant aux formules des corps en question.

Ainsi, cherchons combien, d'après la réaction ci-dessus, il faut d'acide sulfurique pour produire 2 g. de sulfate de zinc, SO^4Zn. Nous écrirons :

$$\underset{98}{SO^4H^2} + Zn = \underset{161,5}{SO^4Zn} + 2H.$$

1 g. de sulfate de zinc correspond donc à $\dfrac{98}{161,5}$ d'acide,

et 2 g. à $\qquad \dfrac{98}{161,5} \times 2 = 1\ g,213.$

78. Réactions en poids et en volume. — 1° *Quel volume de gaz ammoniac, AzH^3, produiront 10 g. de chlorure d'ammonium, AzH^4Cl, selon la réaction*

$$2AzH^4Cl + CaO = CaCl^2 + H^2O + 2AzH^3\ ?$$

On écrira sous les corps dont il est question dans l'énoncé, gaz ammoniac et chlorure d'ammonium, les poids ou volumes correspondants, selon qu'il est question des uns ou des autres. Ainsi,

$$\underset{2 \times 53\,g,5}{2AzH^4Cl} + CaO = CaCl^2 + H^2O + \underset{2 \times 22\,l,4}{2AzH^3}.$$

On voit que $2 \times 53\ g,5$ de chlorure d'ammonium produisent $2 \times 22\,l,4$ de gaz ammoniac. 1 g. donnera donc

$$\frac{2 \times 22,4}{2 \times 53,5} = \frac{22,4}{53,5}, \text{ et 10 g. donneront } \frac{22,4}{53,5} \times 10 = 4\,l,186.$$

2° *Quel poids de bioxyde de manganèse, MnO², faut-il employer pour dégager 3 l. de chlore d'après l'équation*

$$4HCl + MnO^2 = MnCl^2 + 2Cl + 2H^2O ?$$

On écrira ainsi la réaction :

$$4HCl + MnO^2 = MnCl^2 + 2Cl + 2H^2O.$$
$$\underset{87\,g.}{} \qquad \underset{2 \times \frac{22\,l,4}{2}}{}$$

22 l, 4 de chlore sont obtenus avec 87 g. de bioxyde ; 1 l. le sera avec $\dfrac{87}{22,4}$ g, et 3 l. avec $\dfrac{87}{22,4} \times 3 = 11$ g, 651.

3° *Quel poids de charbon mettra en liberté 7 l. de vapeurs de phosphore en réagissant sur l'anhydride phosphorique, P²O⁵, selon la formule*

$$P^2O^5 + 5C = 2P + 5CO ?$$

On écrira ainsi la formule :

$$P^2O^5 + 5C = 2P + 5CO.$$
$$\underset{5 \times 12\,g.}{} \quad \underset{2 \times \frac{22\,l,4}{4}}{}$$

$2 \times \dfrac{22,4}{4} = 11$ l, 2 de phosphore sont produits par $5 \times 12 = 60$ g. de carbone. Pour 7 l. il faudra donc

$$7 \times \frac{60}{11,2} = 37 \text{ g, } 5 \text{ de charbon.}$$

4° *Quel volume de vapeurs de mercure est nécessaire pour former par oxydation 36 g. d'oxyde HgO ?*

On écrira

$$\underset{22\,l,4}{Hg} + O = \underset{216\,g.}{HgO.}$$

Il faut 22 l,4 de vapeurs de mercure pour former 216 g. de HgO. Pour former 36 g. il en faudra donc

$$\frac{22,4}{216} \times 36 = 3\,l,73.$$

REMARQUE. — On voit qu'il est inutile dans ces questions de connaître les densités et qu'il n'y a pas non plus à les calculer.

RÉSUMÉ DU CHAPITRE XI

Soit p le poids du litre d'un corps à l'état gazeux, mesuré à 0° et sous la pression 76 cm, d la densité de ce corps par rapport à l'air, m l'atome-gramme, M la molécule-gramme et n un nombre égal à 1, 2 ou 4 selon que l'élément en question est mono-, di- ou tétratomique.

On a d'une part
$$p = \frac{mn}{22,4} \text{ ou } p = \frac{M}{22,4}$$

et d'autre part
$$d = \frac{mn}{28,9} \text{ ou } d = \frac{M}{28,9}.$$

Pour résoudre les problèmes, il est commode d'écrire sous la formule de réaction les poids ou volumes — selon ce qui est donné ou demandé — des corps donnés et demandés dans l'énoncé : on voit tout de suite comment ils se correspondent et on en tire facilement la solution.

CHAPITRE XII

SOUFRE

Symbole : S.   Poids atomique : 32.

79. État naturel. — Le soufre a été connu de toute antiquité, car il existe à l'*état natif*, soit autour des volcans éteints, imprégnant les terres (solfatares de Pouzzolles près de Naples), soit en masses compactes, mélangées à du calcaire ou de la pierre à plâtre (soufrières de Sicile, mines de la Louisiane).

Le soufre est surtout répandu à l'état de *sulfures* et les sulfures naturels constituent, pour la plupart, des minerais d'où l'on retire les métaux : tels sont les sulfures de plomb (galène), de zinc (blende), de mercure (cinabre). Le gypse ou pierre à plâtre est du sulfate de calcium hydraté.

80. Extraction du soufre. — La majeure partie du soufre du commerce provient du soufre natif. Comme ce dernier n'est mélangé qu'à des matières terreuses ou bitumineuses, on l'en sépare facilement par la chaleur.

Procédé des calcaroni. — En Sicile, où le combustible est rare et le transport difficile, on traite le minerai sur place, et c'est le soufre lui-même qui sert de combustible.

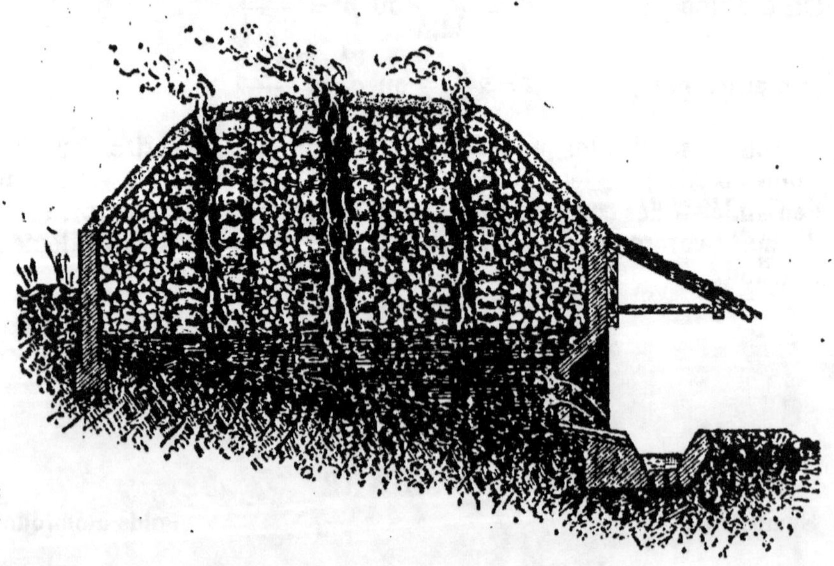

Fig. 50. — Procédé des calcaroni.

Sur un sol incliné, on construit avec le minerai une grande meule de 4 à 16 m. de diamètre appelée *calcarone* (*fig.* 50), et on la recouvre de terre en laissant libres les ouvertures de quelques cheminées qui ont été ménagées dans la masse. Par ces ouvertures on introduit des branches allumées ; une partie du soufre brûle ; la chaleur provenant de sa combustion fait fondre l'autre partie, qui s'écoule au dehors par une ouverture ménagée à l'endroit le plus bas. Suivant les dimensions du calcarone, il faut de 20 à 90 jours pour que la combustion et la fusion du soufre soient terminées.

Ce procédé est expéditif, peu coûteux, mais fait perdre environ un tiers du soufre du minerai.

Extraction par distillation. — Ce procédé, délaissé depuis la baisse du prix du soufre, s'applique aux minerais pauvres provenant des solfatares. La terre soufrée est introduite dans des pots en fonte, disposés en deux rangées dans un four sur la grille duquel on brûle du bois (*fig.* 51). Les vapeurs de soufre vont se condenser à l'état liquide dans des récipients extérieurs, d'où le soufre fondu s'écoule dans un petit réservoir.

Fɪɢ. 51. — Extraction du soufre par distillation.

Procédés divers. — Le procédé des calcaroni ne peut fonctionner qu'une partie de l'année, après l'enlèvement des récoltes, qui autrement seraient brûlées par le gaz sulfureux. De plus il ne permet pas d'extraire une proportion suffisante du soufre de minerai. Aussi a-t-on cherché d'autres méthodes.

On obtient du soufre fondu en traitant les minerais par la vapeur d'eau à 135° sous une pression de 3 à 4 atmosphères.

On lessive aussi le minerai avec du sulfure de carbone, qui dissout le soufre, et on obtient ensuite celui-ci par distillation du sulfure de carbone, qui sert à nouveau.

Extraction par la vapeur en Louisiane. — En Louisiane, le soufre se trouve à une assez grande profondeur. Pour l'extraire, on injecte dans le minerai, au moyen de tubes de fer enfoncés dans le sol, de la vapeur d'eau surchauffée. Par un tube concentrique, le soufre fondu remonte à la surface du sol.

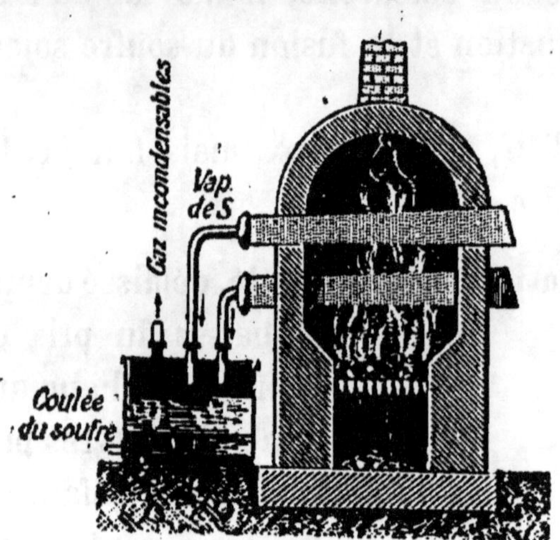

Fig. 52. — Extraction du soufre des pyrites.

Extraction du soufre des pyrites. — En Saxe et en Bohème, on retire une certaine quantité de soufre de la pyrite de fer, FeS^2. Cette pyrite est chauffée dans des cornues en poterie, disposées par séries dans un four (*fig.* 52). Les vapeurs de soufre se rendent dans un récipient en fonte contenant de l'eau froide :

$$3FeS^2 = Fe^3S^4 + 2S.$$

Ailleurs le gaz sulfureux produit par le grillage de la blende (sulfure de zinc) est transformé en soufre par l'action de l'oxyde de carbone :

$$SO^2 + 2CO = 2CO^2 + S.$$

Enfin on retire le soufre de résidus provenant de la fabrication des soudes du commerce.

Raffinage du soufre. — Le soufre brut ainsi obtenu renferme de 3 à 4 % d'impuretés, dont on le débarrasse en le raffinant. En France, le raffinage s'effectue principalement à Marseille.

Le soufre brut est introduit dans une chaudière en fonte A (*fig.* 53), chauffée par la chaleur perdue du foyer ; quand il est fondu, on le fait écouler dans une chaudière inférieure B, chauffée directement par le foyer. Les vapeurs de soufre qui s'en échappent se rendent dans une grande

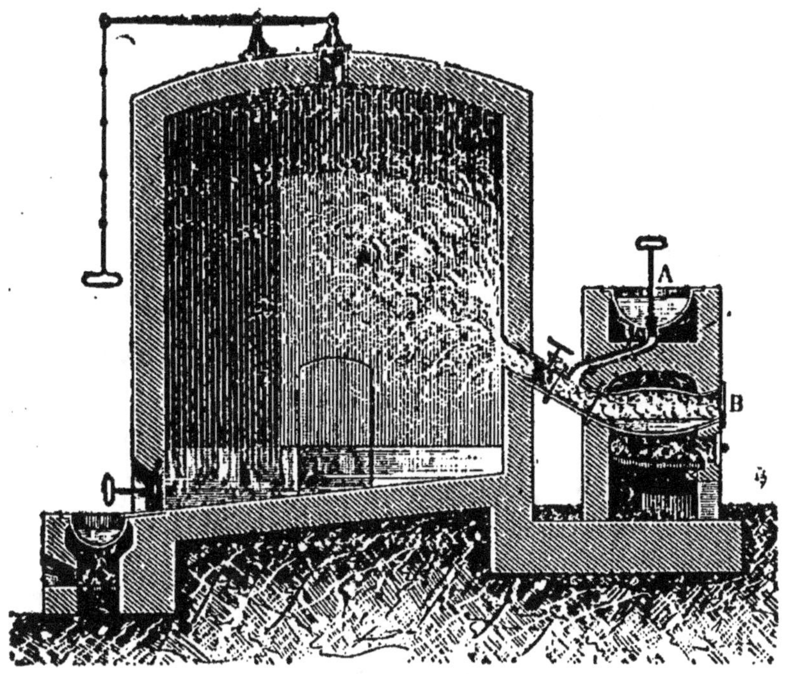

Fig. 53. — Raffinage du soufre brut.

chambre en maçonnerie, sur les parois de laquelle elles se condensent d'abord en poudre très légère, constituant la *fleur de soufre*. Mais ces parois s'échauffent peu à peu et finissent par acquérir une température supérieure au point de fusion du soufre ; dès lors les vapeurs se condensent à l'état de soufre liquide, qui se rassemble sur le sol incliné de la chambre. Par une ouverture que l'on débouche de temps à autre, on le fait écouler dans une petite chaudière, d'où il est coulé dans des moules en bois entourés d'eau froide. On obtient ainsi le *soufre en canons*.

81. Propriétés physiques. — Le soufre est jaune citron, cassant, inodore. Son poids spécifique est 2 g, 07 (soufre naturel cristallisé). Il est mauvais conducteur de la chaleur et de l'électricité : ainsi un canon de soufre plongé dans l'eau chaude fait entendre des craquements dus à ce que les couches extérieures se dilatent et se séparent des parties intérieures non échauffées ; un canon de soufre frotté avec un morceau de drap s'électrise et attire les corps légers.

Le soufre est insoluble dans l'eau ; il se dissout assez facilement dans la benzine, dans le pétrole. Son dissolvant par excellence est le sulfure de carbone, qui en dissout beaucoup plus à chaud qu'à froid. En laissant évaporer lentement la dissolution saturée à chaud (*fig.* 54), on obtient des cristaux de soufre ayant la forme d'*octaèdres*.

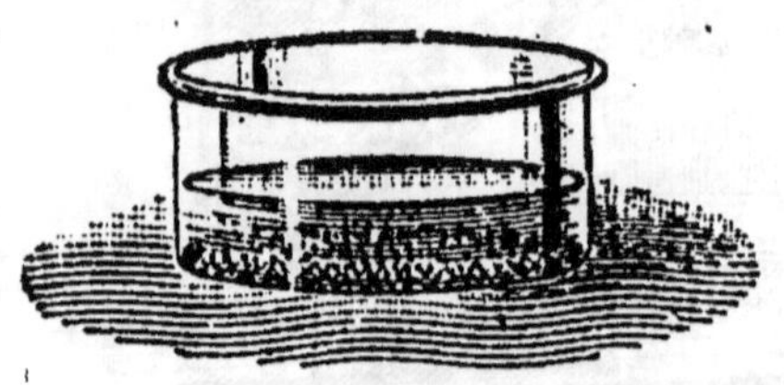

Fig. 54. — Cristallisation du soufre par voie humide.

On peut aussi faire cristalliser le soufre par fusion. On le fait fondre dans un creuset en terre, puis on le laisse refroidir lentement. Dès qu'une croûte d'épaisseur convenable s'est formée à la surface, on la perce en deux endroits avec une tige de fer chaude, et on décante le soufre resté liquide. En enlevant alors complètement la croûte superficielle, on voit l'intérieur du creuset tapissé de cristaux *prismatiques* formant de longues aiguilles flexibles (*fig.* 55) d'un jaune brunâtre.

Le soufre peut donc cristalliser dans deux systèmes différents : les corps qui possèdent cette propriété sont appelés corps *dimorphes* ; on appelle, d'une façon générale, corps *polymorphes* ceux qui cristallisent dans plusieurs systèmes. Les corps qui ne sont pas cristallisés sont dits *amorphes*.

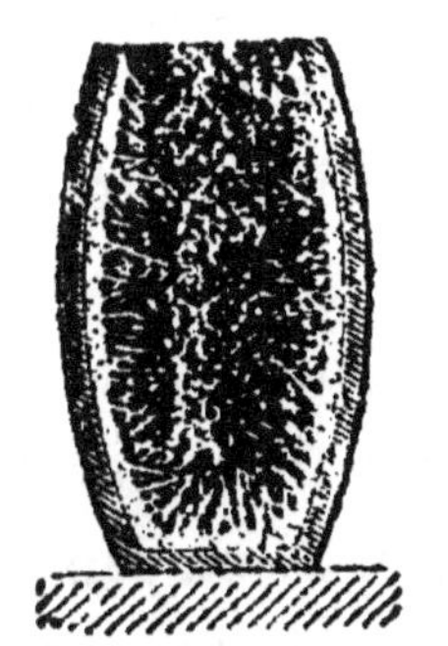

Fig. 55. — Cristallisation du soufre par fusion.

Il existe une variété de soufre non cristallisée : le soufre amorphe, insoluble dans le sulfure de carbone. Il se trouve en très petite quantité dans le soufre en canons, mais en proportion assez forte dans le soufre en fleur, et surtout dans le *soufre mou*, dont nous allons parler. Il constitue le résidu jaune pâle pulvérulent que laissent toutes ces variétés de soufre quand on les traite par le sulfure de carbone.

La forme stable du soufre est la forme prismatique au-dessus de 96°,5, la forme octaédrique au-dessous de cette température : au-dessus, par exemple, du soufre octaédrique tend à se transformer peu à peu en soufre prismatique, surtout en présence de soufre prismatique (agissant comme les solides dont la présence fait cesser la surfusion ou sursaturation des corps fondus ou dissous).

Les diverses variétés de soufre ont des propriétés différentes. Ainsi, selon qu'il est octaédrique, prismatique ou amorphe, le soufre a respectivement pour densité 2,07, 1,97 ou 2,05.

Action de la chaleur. — Le soufre octaédrique fond vers 114° en un liquide jaunâtre, très fluide. Cette fluidité diminue à mesure que l'on continue à chauffer, en même temps que le liquide se colore en rouge brun. A 220° on a une masse brune, dont la viscosité est telle que l'on peut retourner le vase qui la contient sans qu'elle s'écoule. Un peu au delà de 230°, le soufre peut de nouveau couler, mais il conserve sa couleur brune. Enfin, à 447° il entre en ébullition et émet des vapeurs rouges brunes, très lourdes.

En laissant refroidir lentement du soufre chauffé jusqu'à son point d'ébullition, on observe en sens inverse les mêmes changements de couleur et de fluidité. Si on refroidit brusquement, en le versant dans l'eau froide, du soufre qui est encore au moins à 230°, on obtient du *soufre mou*, formé de fils rougeâtres élastiques comme du caoutchouc, mais se retransformant en soufre ordinaire au bout de quelques heures.

82. Propriétés chimiques. — Le soufre est *combustible*; il s'enflamme vers 250° et brûle avec une flamme bleue peu éclairante, en donnant un gaz à odeur suffocante, l'anhydride sulfureux ou gaz sulfureux, SO^2.

Action sur les métaux. — Le soufre présente au point de vue chimique une grande analogie avec l'oxygène : il s'unit à la plupart des *métaux* et donne des sulfures analogues aux oxydes. Si on projette de la tournure de cuivre dans du soufre en ébullition (*fig.* 56), elle devient incandescente et se transforme en sulfure de cuivre noir.

Fig. 56. — Action du soufre sur le cuivre.

Un mélange intime de fleur de soufre et de limaille de fer, projeté dans une cuiller en fer portée au rouge, devient incandescent et donne du sulfure de fer. Ce sulfure s'obtient également si on introduit le mélange dans un ballon (*fig.* 57) avec un peu d'eau tiède ; à cause de la chaleur dégagée dans la réaction, un jet de vapeur d'eau s'échappe avec force par le tube effilé dont on a muni le ballon (expérience du volcan de Lémery).

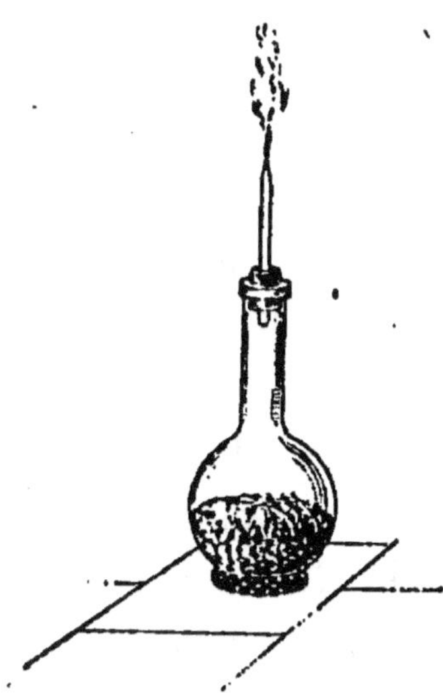

Fig. 57. — Expérience du volcan de Lémery.

Comme l'oxygène, le soufre s'unit à beaucoup de métalloïdes. Ses combinaisons hydrogénées, H^2S et H^2S^2, sont comparables à l'eau, H^2O, et à l'eau oxygénée, H^2O^2 ; avec le charbon chauffé au rouge, il donne le sulfure de carbone, CS^2, correspondant au gaz carbonique, CO^2 ; enfin les métaux qui brûlent dans l'oxygène brûlent dans la vapeur de soufre en produisant des sulfures tout à fait comparables aux oxydes formés de la même manière.

Action sur les composés. — A cause de son affinité pour l'oxygène, le soufre décompose un certain nombre de composés oxygénés, comme l'acide azotique, l'acide sulfurique, etc. Si on chauffe dans un tube à essais un fragment de soufre avec de l'acide sulfurique concentré, on constate rapidement un dégagement d'anhydride sulfureux.

83. Usages. — Le *soufre en canons*, qui est le soufre

le plus pur, sert à préparer les poudres noires, l'acide sulfurique pur, le gaz sulfureux, le sulfure de carbone, les hyposulfites, une imitation de caoutchouc par cuisson avec des huiles végétales ; à soufrer les allumettes, à sceller le fer dans la pierre. Associé au caoutchouc (caoutchouc vulcanisé), il l'empêche de perdre son élasticité aux températures supérieures ou inférieures à la température ordinaire. Si la proportion de soufre atteint 25 %, le caoutchouc est dur comme l'ivoire ; on l'emploie en électricité comme isolant sous le nom d'*ébonite*.

Le *soufre en fleur* est employé pour combattre l'oïdium de la vigne ; pour préparer les mèches soufrées que l'on brûle dans les tonneaux ; pour éteindre les feux de cheminée ; pour préparer certains sulfures (vermillon, or mussif, etc.).

En médecine, on utilise contre la gale et d'autres maladies de la peau des pommades faites avec du soufre.

RÉSUMÉ DU CHAPITRE XII

Le *soufre* se rencontre à l'état natif, mélangé aux terres volcaniques (solfatares), ou en masses compactes, ou encore à l'état de sulfures. En Sicile, on construit des meules (calcaroni) avec du soufre natif et on y met le feu ; une partie du soufre brûle, fournissant ainsi la chaleur nécessaire à la fusion de l'autre partie. Près de Naples, on distillait la terre soufrée dans des pots en fonte. En Louisiane, on fond le soufre dans son gisement même en y injectant de la vapeur d'eau surchauffée : le soufre fondu remonte à la surface du sol. Quelquefois on fait fondre le soufre du minerai par la vapeur sous pression. On peut aussi dissoudre le soufre par le sulfure de carbone. On extrait parfois du soufre des pyrites de fer en les chauffant. Le soufre brut ainsi obtenu est raffiné par distillation et fournit le soufre en fleur et le soufre en canons.

Le soufre est jaune, cassant, mauvais conducteur de la chaleur et de l'électricité. Son meilleur dissolvant est le sulfure de carbone. Il cristallise sous deux formes, en octaèdres par dissolution à froid et en cristaux prismatiques par fusion. Il existe aussi à l'état amorphe. Il fond vers 114° en un liquide jaune fluide qui, lorsque la température s'élève, devient brun et visqueux, puis redevient fluide, et finalement se réduit en vapeurs à 147°.

Le soufre brûle avec une flamme pâle en donnant de l'anhydride sulfureux. Il se combine avec la plupart des métaux, en formant des sulfures : avec le fer, le cuivre, il y a incandescence. Il se combine aussi avec beaucoup de métalloïdes et donne d'une façon générale des composés analogues à ceux que donne l'oxygène.

On emploie le soufre pour fabriquer les poudres noires, l'acide sulfurique, le gaz sulfureux, pour soufrer les allumettes. Le soufre en fleur est surtout employé pour le soufrage des vignes.

CHAPITRE XIII

ANHYDRIDE SULFUREUX

Formule : SO^2.   Poids moléculaire : 64.

84. État naturel. — L'anhydride sulfureux, ou *gaz sulfureux*, est le produit de la combustion du soufre à l'air. Il fait partie des émanations volcaniques. On le rencontre fréquemment dans l'atmosphère des grands centres industriels.

85. Préparation. — Préparation industrielle. — L'anhydride sulfureux s'obtient soit par le grillage des pyrites, soit par la combustion du soufre, soit par la décomposition de l'acide sulfurique par le soufre.

La pyrite de fer, FeS^2, chauffée au rouge dans un courant d'air, dégage du gaz sulfureux en laissant un résidu d'oxyde ferrique, Fe^2O^3 :

$$2FeS^2 + 11O = Fe^2O^3 + 4SO^2.$$

La combustion du soufre, activée par un courant d'air (*fig.* 58), fournit du gaz sulfureux (mélangé d'azote atmosphérique) qui est utilisé pour divers usages industriels.

On prépare les dissolutions de gaz sulfureux en faisant barboter le gaz dans une série de touries avec tour à coke en queue, comme pour l'acide chlorhydrique (48).

Pour préparer du gaz sulfureux destiné à être liquéfié et chimiquement pur, on réduit partiellement l'acide sulfurique par le soufre (en employant des produits épurés) :

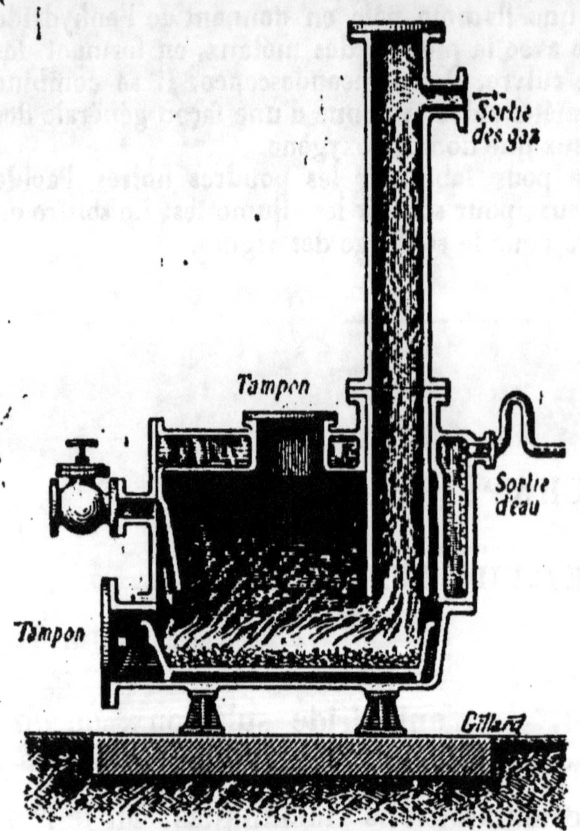

Fig. 58. — Appareil à préparer le gaz sulfureux par la combustion du soufre.

$$2SO^4H^2 + S = 2H^2O + 3SO^2.$$

Préparation dans les laboratoires. — L'anhydride sulfureux se prépare en réduisant partiellement l'acide sulfurique par certains métaux (mercure, cuivre) ou certains métalloïdes (charbon, soufre)...

Avec le mercure ou le cuivre, il se forme un sulfate du

métal, de l'eau et du gaz sulfureux ; la réaction a lieu suivant les équations parallèles

$$Hg + 2SO^4H^2 = SO^4Hg + 2H^2O + SO^2,$$
$$Cu + 2SO^4H^2 = SO^4Cu + 2H^2O + SO^2.$$

On introduit du mercure ou du cuivre en lames dans un ballon muni d'un tube de sûreté et d'un tube à dégagement (*fig.* 59). On verse de l'acide sulfurique par le tube de sûreté et on chauffe modérément. L'anhydride sulfureux se dessèche dans un flacon laveur contenant de l'acide sulfurique concentré ; comme il est très soluble dans l'eau, on le recueille sur le mercure ou par déplacement d'air dans des flacons très secs. On reconnaît qu'un flacon est plein en présentant à l'orifice un agitateur trempé dans du permanganate de potassium, qui se décolore.

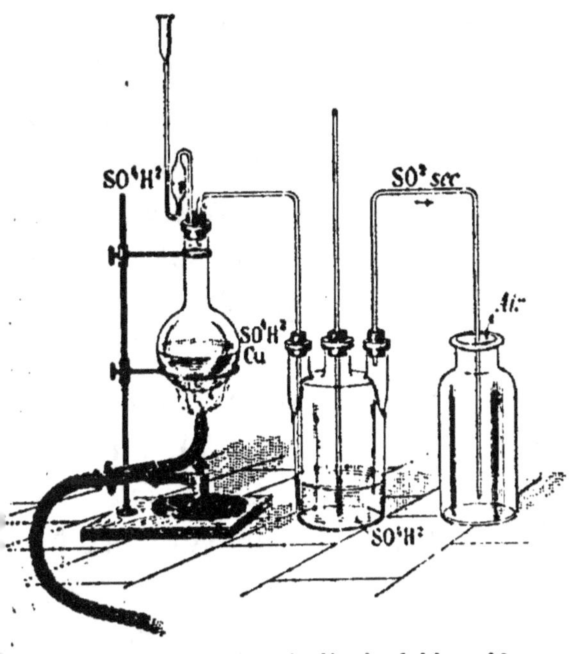

Fig. 59. — Préparation de l'anhydride sulfureux.

Dissolution. — On la prépare en disposant à la suite de l'appareil précédent un second flacon laveur aux 3/4 empli d'eau privée d'air par l'ébullition ; on le fait suivre d'une éprouvette à pied contenant un lait de chaux destiné à absorber le gaz en excès. Le ballon contient de l'acide sulfurique et du charbon de bois ou simplement de la sciure de bois. L'emploi du charbon est très économique, et l'anhydride carbonique qu'il dégage en même temps que l'anhydride sulfureux est ici sans inconvénient:

$$C + 2SO^4H^2 = 2H^2O + CO^2 + 2SO^2.$$

86. Propriétés physiques. — Le gaz sulfureux a une odeur suffocante, une saveur acide désagréable. Sa densité est égale à 2,24. L'eau en dissout 50 fois son volume à 15° et 80 fois son volume à 0°. Si l'on introduit un peu d'eau dans une éprouvette pleine de gaz sulfureux et que l'on agite fortement, l'éprouvette reste adhérente à la main.

Liquéfaction. — L'anhydride sulfureux peut être facilement amené à l'état liquide (sa température critique est + 156°). On fait arriver le gaz pur et sec au fond d'un matras entouré d'un mélange de glace et de sel (*fig.* 60); ce mélange refroidit le gaz à — 15° et amène sa liquéfaction.

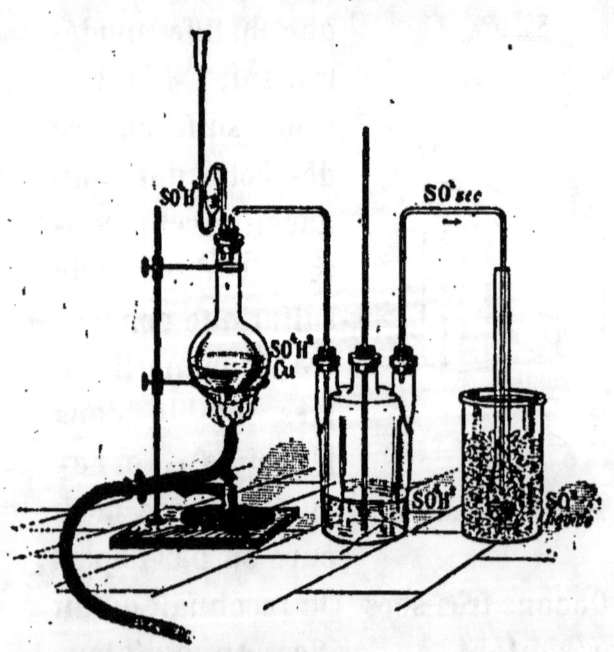

Fig. 60. — Liquéfaction du gaz sulfureux.

Dans l'industrie, l'anhydride sulfureux obtenu par l'action de l'acide sulfurique sur le soufre chauffé à 400° est desséché sur de l'acide sulfurique concentré, puis envoyé dans un récipient refroidi à — 10°, où il se liquéfie. On le conserve dans des siphons à eau de Seltz, car sa tension de vapeur ne dépasse pas 3 kg à la température ordinaire. On le vend aussi dans des récipients en cuivre, en fer ou en acier qui en contiennent jusqu'à 125 kg. Un litre d'anhydride liquide peut donner environ 500 litres d'anhydride gazeux.

L'évaporation rapide de l'anhydride sulfureux liquide, par un courant d'air ou par l'aspiration du gaz vaporisé (produisant une diminution de pression de ce gaz), peut abaisser la température jusque vers — 65°, ce qui permet de congeler le mercure.

Pour cela, on fait plonger le tube contenant du mercure dans de l'anhydride sulfureux liquide (*fig.* 61) et, à l'aide d'un soufflet, on fait passer dans celui-ci un fort courant d'air. La solidification est obtenue assez rapidement ; on brise le tube, et le culot de mercure solide peut être martelé pendant quelques minutes avec un maillet en bois. L'éprouvette renfermant l'anhydride sulfureux liquide est supportée par un flacon dans lequel on a introduit un peu de chaux vive afin de dessécher l'air qu'il contient et de supprimer ainsi la formation de givre à la surface extérieure de l'éprouvette.

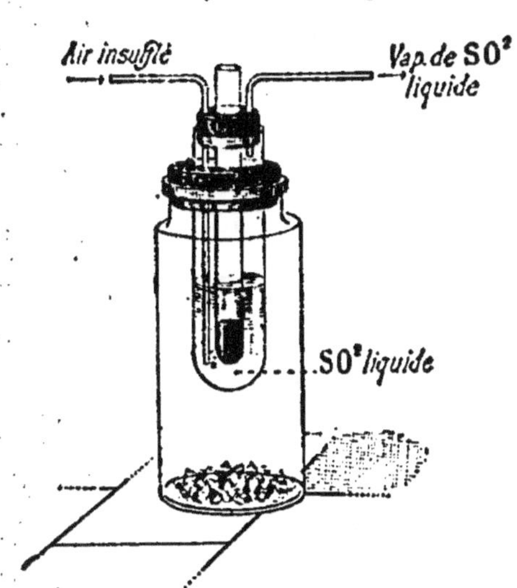

Fig. 61. — Solidification du mercure.

87 Propriétés chimiques. — L'anhydride sulfureux

n'est pas combustible et il éteint les corps en combustion. Cependant le potassium et le magnésium peuvent y brûler.

L'*hydrogène* le réduit, car il dégage plus de chaleur que le soufre en se combinant avec l'oxygène. Dans un verre à pied, mettons de la grenaille de zinc, de l'eau et de l'acide sulfurique, puis ajoutons quelques gouttes d'une dissolution de gaz sulfureux; l'effervescence diminue, et il se dégage de l'hydrogène sulfuré, H^2S, reconnaissable à son odeur et à son action sur un papier imprégné d'acétate de plomb, qui noircit :

$$SO^2 + 6H = 2H^2O + H^2S\nearrow.$$

L'*oxygène* ne réagit pas à la température ordinaire sur le gaz sulfureux à sec, mais il le fait vers 350° en présence d'un catalyseur comme la mousse de platine qui provoque la réaction sans être finalement modifiée elle-même ; il y a production d'anhydride sulfurique, SO^3 :

$$SO^2 + O = SO^3.$$

En présence de l'eau, l'oxygène réagit lentement sur le gaz sulfureux à la température ordinaire et le transforme en acide sulfurique :

$$SO^2 + H^2O + O = SO^4H^2.$$

C'est pour cela que la dissolution du gaz sulfureux doit être faite avec de l'eau bouillie, et conservée dans des flacons bien bouchés.

Action sur les composés. — Cette tendance du gaz sulfureux à s'emparer de l'oxygène en présence de l'eau en fait un réducteur énergique : si on verse quelques gouttes d'*acide azotique fumant* dans une éprouvette pleine de gaz sulfureux, il y a production de vapeurs rouges de peroxyde d'azote, AzO^2, et en même temps d'acide sulfurique, SO^4H^2 :

$$2AzO^3H + SO^2 = SO^4H^2 + 2AzO^2.$$

Si on ajoute un peu d'eau dans l'éprouvette, les vapeurs rouges disparaissent et si on verse une dissolution de chlorure de baryum, il se forme un abondant précipité blanc de sulfate de baryum, SO^4Ba, manifestant la présence de l'acide sulfurique.

La dissolution rouge de *permanganate de potassium*, MnO^4K, est décolorée par le gaz sulfureux ; il se forme des sulfates de potassium et de manganèse, incolores.

Enfin un grand nombre de matières colorantes sont décolorées par le gaz sulfureux, le plus souvent sans être détruites. C'est ainsi que des violettes deviennent blanches dans une dissolution de gaz sulfureux, mais verdissent ensuite si on les lave à l'eau ammoniacale, ou se colorent en rose si on les traite par l'acide sulfurique étendu.

Action sur l'organisme. — Introduit dans les voies respiratoires, le gaz sulfureux provoque une toux opiniâtre accompagnée d'une oppression pénible ; aussi est-il prudent d'éviter de le respirer.

88. Caractères. — Le gaz sulfureux se distingue surtout des autres gaz par les caractères suivants :
1° Il a une odeur suffocante.
2° Il décolore le permanganate de potassium.
3° Il est absorbé facilement par la soude.

89. Composition. — On brûle un morceau de soufre placé dans un ballon plein d'oxygène pur renversé sur le mercure. Lorsque la combustion est terminée, on constate que le volume n'a pas changé ; donc le gaz sulfureux renferme un volume d'oxygène égal au sien. Si de 2 fois la densité du gaz sulfureux, soit 4,46, on retranche 2 fois la densité de l'oxygène, soit 2,21, on trouve, 2,25, nombre qui représente sensiblement la densité de vapeur du soufre. Deux volumes d'anhydride sulfureux contiennent donc 2 volumes d'oxygène et 1 volume de vapeur de soufre. C'est ce qu'exprime la formule SO^2.

90. Usages. — Le gaz sulfureux est le facteur principal de la fabrication de l'acide sulfurique.

Il est employé comme *décolorant* et comme *désinfectant*. Comme décolorant, il sert à blanchir la laine, la soie, la paille, les plumes, les éponges, à enlever les taches de vin sur les étoffes, etc. C'est un antiseptique puissant avec lequel on désinfecte les objets de literie, on assainit les hôpitaux, les bateaux, on fait des fumigations contre les parasites de la peau, on détruit les germes de fermentation dans les tonneaux, on traite les jus sucrés de betteraves. C'est le seul antiseptique dont l'usage pour les substances alimentaires (moûts, vins, bières, etc.) soit permis par la loi.

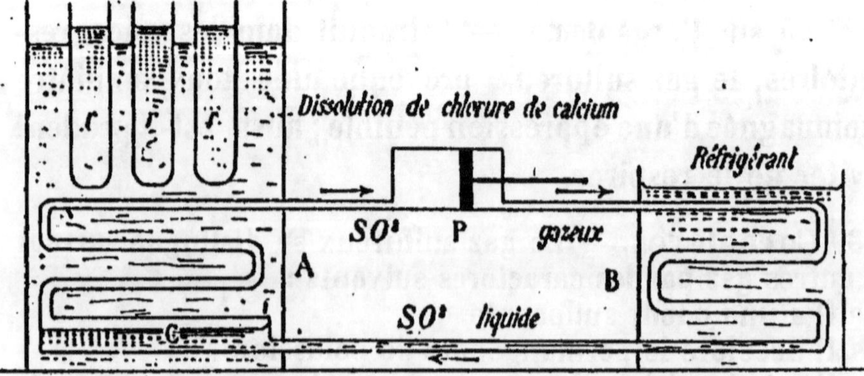

FIG. 62. — Fabrication de la glace par le procédé Pictet

L'anhydride sulfureux liquide sert pour la fabrication du froid et de la glace (procédé Pictet).

Un bac A (*fig.* 62) contient une dissolution de chlorure de calcium (qui ne se congèle que bien au-dessous de 0°) et porte à sa partie inférieure un serpentin qui reçoit en C de l'anhydride sulfureux liquide provenant d'un réfrigérant B. La pompe P vaporise l'anhydride liquide de C, l'aspire et le refoule dans le réfrigérant, où il se liquéfie de nouveau par compression, pour revenir en C.

La vaporisation de l'anhydride liquide au fond de A refroidit la dissolution de chlorure de calcium, qui transforme en glace l'eau contenue dans des récipients en tôle.

91. Acide sulfureux, SO^3H^2. — L'acide sulfureux, qui, d'après la loi de formation des acides, résulte de la combinaison de l'anhydride avec l'eau :

$$SO^2 + H^2O = SO^3H^2,$$

n'a pas été isolé, mais on admet son existence dans la dissolution du gaz sulfureux. Celle-ci rougit fortement le tournesol, puis le décolore : traitée par la potasse ou la soude, elle donne un sulfite, SO^3K^2 ou SO^3Na^2, et un sulfite acide, SO^3HK ou SO^3HNa.

Les 2 atomes d'hydrogène que renferme l'acide sulfureux pouvant être remplacés par un métal, c'est un *acide bibasique* ou *biacide*. Si le métal est bivalent, il prend la place des deux atomes d'hydrogène ; ex. : sulfite de calcium, SO^3Ca. Si le métal est monovalent, on peut obtenir successivement, comme on l'a vu, un sulfite acide et un sulfite neutre.

RÉSUMÉ DU CHAPITRE XIII

L'anhydride sulfureux ou gaz sulfureux, SO^2, est le produit de la combustion du soufre à l'air. On le prépare aussi en réduisant partiellement l'acide sulfurique à chaud par le cuivre, le mercure ou le soufre ; le gaz est recueilli à sec ou sur le mercure. Pour la dissolution, c'est le charbon de bois qui sert de réducteur.

L'anhydride sulfureux a une odeur suffocante ; il est très soluble dans l'eau.

Ce gaz n'est pas combustible et n'entretient pas la combustion. Il est réduit par l'hydrogène naissant avec formation d'acide sulfhydrique. Avec l'oxygène, en présence de la mousse de platine à chaud, il donne de l'anhydride sulfurique ; en présence eau et d'oxygène, il donne de l'acide sulfurique ; aussi le gaz sulfureux réduit-il un grand nombre de composés oxygénés : acide azotique, permanganate de potassium, etc. Beaucoup de matières colorantes végétales sont décolorées par le gaz sulfureux, le plus souvent sans être détruites.

L'anhydride sulfureux est employé pour préparer l'acide sulfurique, pour blanchir la laine, la soie, etc., et comme antiseptique. L'anhydride liquide sert à fabriquer de la glace et à produire du froid.

CHAPITRE XIV

ANHYDRIDE ET ACIDE SULFURIQUES

ANHYDRIDE SULFURIQUE

Formule : SO^3.   Poids moléculaire : 80.

92. Préparation. — On a vu (87) qu'on obtenait de l'anhydride sulfurique en faisant passer un mélange d'anhydride sulfureux et d'oxygène sur de la mousse de platine chauffée. On applique ce procédé industriellement en remplaçant l'oxygène par l'air. On fait passer (*fig.* 63) le mélange, à 350° environ, d'air et de gaz sulfureux sur de l'amiante platiné (amiante recouvert d'une mince couche de platine) ou sur d'autres catalyseurs (oxydes de fer résidus du grillage des pyrites, etc.). L'anhydride formé se condense dans les parties froides de l'appareil.

L'anhydride sulfureux provient du grillage des pyrites de fer ou de la combustion du soufre (85).

93. Propriétés. — L'anhydride sulfurique du commerce contient un peu d'eau. C'est un solide cristallisé en aiguilles blanches soyeuses. Il se décompose sous l'influence de la chaleur :

$$SO^3 = SO^2 + O;$$

ce qui oblige à ne pas dépasser dans sa préparation une température de 400° environ.

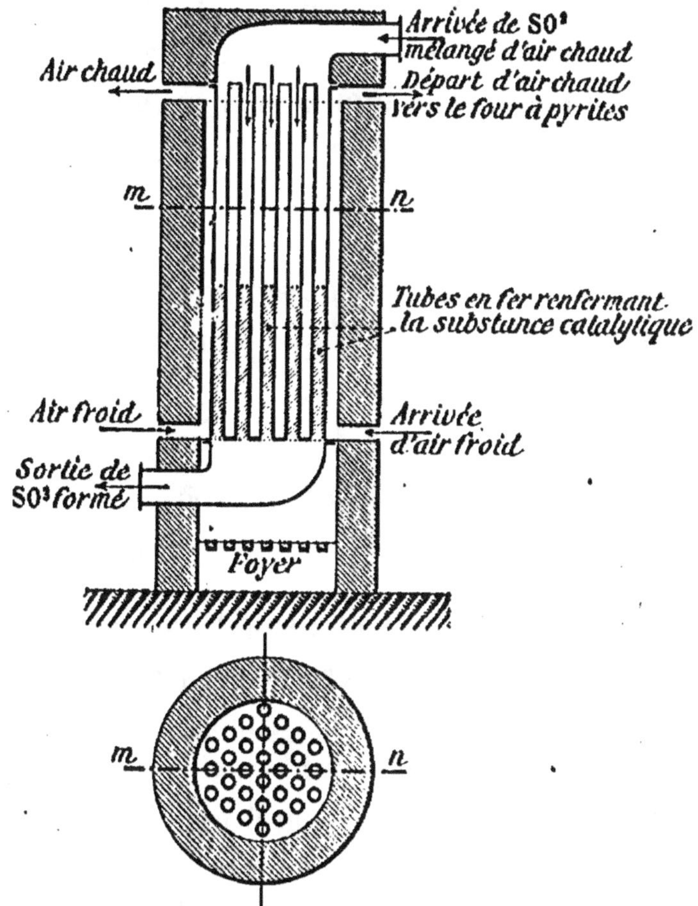

Fig. 63. — Préparation de l'anhydride sulfurique par le procédé de contact.

Il se combine directement à chaud avec la baryte (oxyde de baryum) en donnant du sulfate et en dégageant beaucoup de chaleur :

$$BaO + SO^3 = SO^4Ba.$$

Il est extrêmement avide d'eau, ce qui oblige à le conserver dans des tubes scellés. En se combinant avec l'eau, donne de l'acide sulfurique :

$$SO^3 + H^2O = SO^4H^2 \, ;$$

la réaction s'accompagne d'un grand dégagement de chaleur, qui provoque la vaporisation instantanée du liquide, avec incandescence et explosion si l'eau n'est pas en excès. Les vapeurs d'anhydride sulfurique donnent naissance dans l'air, qui est toujours plus ou moins humide, à des fumées abondantes, formées d'acide sulfurique non volatil.

94. Usages. — L'anhydride sulfurique est employé à la fabrication de l'acide sulfurique ordinaire et des acides sulfuriques fumants (102).

ACIDE SULFURIQUE

Formule : SO_4H_2. Poids moléculaire : 98.

95. État naturel. — L'acide sulfurique se rencontre en petite quantité dans certaines eaux volcaniques : le Rio-Vinagre, qui sort d'un volcan des Andes, en renferme 1 g,3 par litre. Il y en a fréquemment dans les eaux de pluie des grands centres industriels, où il résulte de l'oxydation du gaz sulfureux en présence de l'eau. Les sulfates sont très répandus, principalement le sulfate de calcium hydraté (gypse ou pierre à plâtre).

96. Préparation. — **Procédé de contact.** — On prépare maintenant de grandes quantités d'acide sulfurique par le procédé de contact, c'est-à-dire à l'aide de l'anhydride sulfurique produit catalytiquement comme on vient de le voir. Il suffit de mettre cet anhydride en présence de l'eau pour avoir de l'acide contenant la quantité d'eau que l'on désire.

Procédé des chambres de plomb. — Si le procédé précédent est avantageux quand il s'agit d'obtenir un acide concentré et pur, par contre, quand on n'a besoin que d'acide dilué ordinaire, il est un peu plus coûteux que l'ancien procédé, dit *des chambres de plomb*, ce qui empêche d'abandonner celui-ci.

Dans ce procédé on oxyde aussi l'anhydride sulfureux avec de l'oxygène emprunté à l'air, mais on se sert comme oxydant intermédiaire de l'acide azotique, AzO^3H, qui est régénéré ensuite et servirait indéfiniment sans les pertes inévitables. Il donne avec le gaz sulfureux une combinaison, SO^4H, AzO (*cristaux des chambres de plomb*), qui est décomposée par l'eau et l'air. On pourrait représenter en gros la préparation par les formules

$$SO^2 + AzO^3H = SO^4H, AzO,$$
$$SO^4H, AzO + O + H^2O = SO^4H^2 + AzO^3H.$$

97. Industrie de l'acide sulfurique. — Dans l'industrie, les réactions précédentes s'effectuent dans de vastes chambres à parois de plomb, où se trouvent réunis le gaz sulfureux, l'air, la vapeur d'eau et les vapeurs nitreuses.

1° *Production du gaz sulfureux.* — On le préparait autrefois par combustion du soufre ; aujourd'hui on l'obtient par le grillage des pyrites (sulfure de fer) ou des blendes (sulfure de zinc). On n'emploie plus le soufre que pour avoir l'acide sulfurique pur destiné à la pharmacie.

La figure 64 représente le four Malétra, destiné à griller les pyrites en poudre. Les pyrites, étalées sur une série de tablettes superposées, sont grillées par un courant d'air ascendant. On met en marche par un feu de bois sur la sole inférieure, après quoi le four s'entretient seul. De temps à autre, on fait tomber dans la cave la pyrite de la tablette inférieure, puis chaque couche de pyrite est descendue d'un étage et la tablette supérieure reçoit de la pyrite fraîche.

Sur le collecteur du gaz sulfureux se trouvent des marmites en fonte contenant de l'azotate de sodium et de l'acide sulfurique; elles dégagent des vapeurs d'acide azotique qui, en présence du gaz sulfureux, sont réduites avec formation de vapeurs nitreuses (87).

Les gaz qui s'échappent des fours à pyrites traversent d'abord une chambre en maçonnerie où ils se débarrassent des poussières entraînées, puis se rendent à la partie inférieure de la tour de Glover.

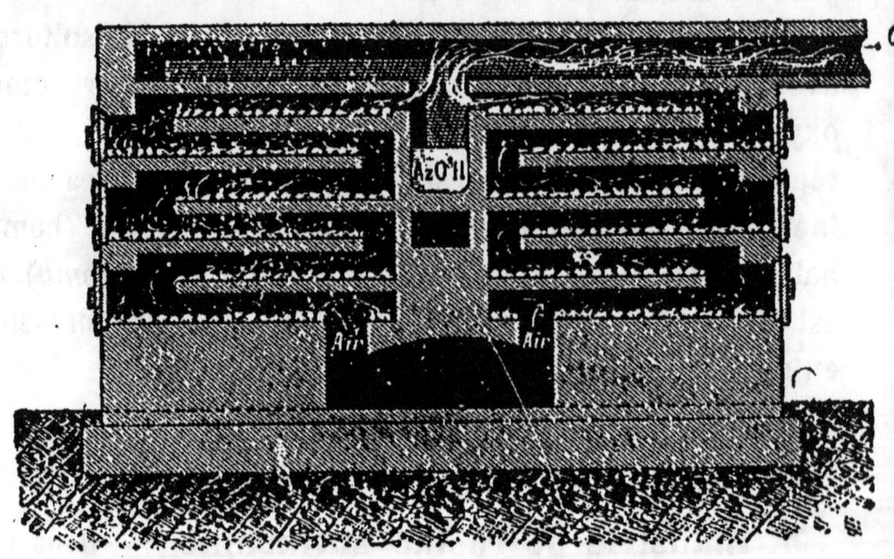

FIG. 64. — Four Malétra pour les pyrites en poudre.

2º *Tour de Glover.* — C'est une tour ronde en plomb, revêtue intérieurement de lave de Volvic; elle est remplie de gros silex ou de cylindres en poterie disposés en chicane. A sa partie supérieure sont deux cuves renfermant, l'une de l'acide sulfurique que l'on a retiré des chambres de plomb et qui marque 52° à l'aréomètre de Baumé, l'autre de l'acide sulfurique nitreux (dont nous verrons plus loin la provenance). Ces deux acides mélangés sont répandus en pluie sur le coke de la tour et circulent en sens inverse des gaz chauds provenant des fours à pyrites (*fig.* 65).

Ces gaz, qui étaient à plus de 300° au bas de la tour, en sortent à une température d'environ 70°; de plus, pendant le trajet ils ont absorbé les produits nitreux de l'acide sulfurique nitreux et ils ont concentré jusqu'à 60° Baumé l'acide qui était à 52°. D'où les avantages suivants de la tour de Glover : refroi-

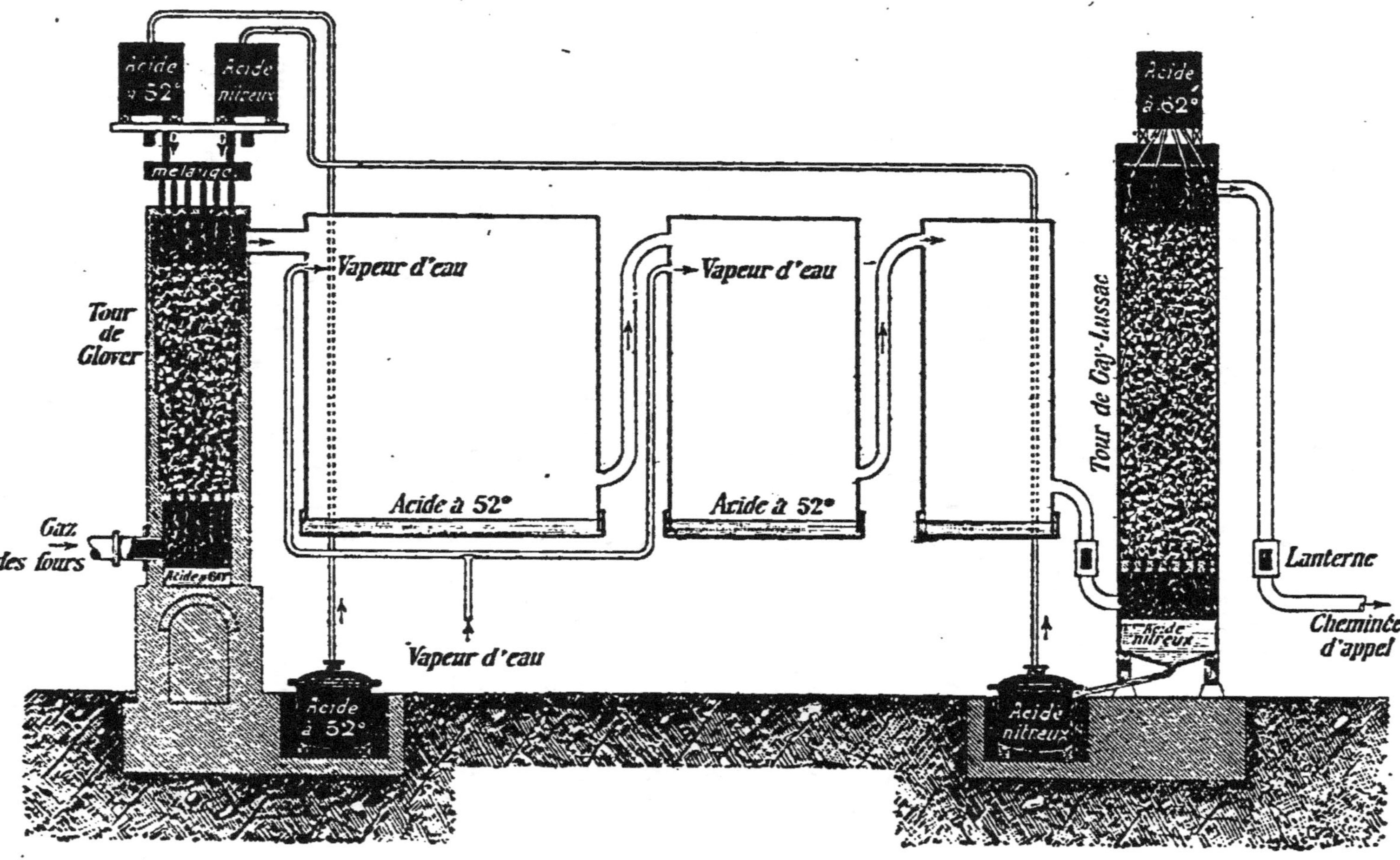

Fig. 63. — Disposition schématique d'une fabrique d'acide sulfurique.

dissement des gaz venant des fours à pyrites, enrichissement de ces gaz en vapeurs nitreuses, dénitrification de l'acide sulfurique nitreux, et enfin concentration de l'acide brut des chambres de plomb.

3° *Chambres de plomb.* — Les chambres de plomb, ordinairement au nombre de trois, sont de vastes parallélépipèdes en charpente, doublés intérieurement de feuilles de plomb. Leur capacité totale peut atteindre 5 000 mètres cubes. Elles reposent chacune sur une cuvette en plomb dans laquelle s'accumule l'acide formé et communiquent entre elles par des tuyaux en plomb.

Les gaz sortant de la tour de Glover pénètrent dans la première chambre par la partie supérieure. Dans cette chambre et dans la suivante, ils se trouvent en contact avec de la vapeur d'eau, injectée en quantité convenable à travers les parois verticales, et donnent de l'acide sulfurique. Cet acide se rassemble dans les cuvettes qui supportent les chambres ; il marque 50 à 52° à l'aréomètre de Baumé. La troisième chambre est plus petite que les précédentes et ne reçoit pas de vapeur d'eau ; c'est là que l'acide sulfurique achève de se condenser.

4° *Condenseur de Gay-Lussac.* — Les gaz qui s'échappent de la dernière chambre de plomb sont : de l'azote, une petite quantité d'oxygène non utilisé, et des vapeurs nitreuses qui leur donnent une teinte rougeâtre. Il importe que ces vapeurs soient absorbées pour pouvoir ensuite rentrer dans la fabrication : c'est là le rôle du condenseur de Gay-Lussac.

Ce condenseur est une grande tour en plomb remplie de gros fragments de coke ou de briques siliceuses. A la partie supérieure tombe une pluie fine d'acide sulfurique concentré à 60° Baumé ; les gaz amenés à la partie inférieure abandonnent leurs vapeurs nitreuses à l'acide sulfurique qui circule en sens inverse et s'échappent par la cheminée d'appel complètement décolorés. Quant à l'acide qui a dissous ainsi les produits nitreux (acide sulfurique nitreux), il est recueilli au bas de la tour, d'où il est envoyé à la partie supérieure de la tour de Glover.

5° *Concentration.* — L'acide sulfurique tel qu'il sort des chambres de plomb a peu d'applications. Nous avons vu que la tour de Glover l'amène à 60° Baumé ; néanmoins, pour certains usages, on a besoin d'acide pur marquant 66°. On obtient ce dernier en concentrant directement l'acide des chambres, celui de la tour de Glover étant souillé de produits nitreux et de poussières venant des fours à pyrites.

Cette concentration s'effectue jusqu'à 60° dans des bassines en plomb et, au delà, l'acide attaquant le plomb, dans des alambics en platine ou dans divers concentreurs. Un concentreur très répandu actuellement est le *saturex* de Kessler, en lave de Volvic, qui, en faisant agir des gaz chauds sur des lames minces d'acide, le concentre sans avoir à l'amener à l'ébullition.

6° *Purification.* — L'acide sulfurique du commerce est quelquefois coloré en jaune ou en brun par des matières organiques ; il renferme du sulfate de plomb provenant de l'attaque des parois des chambres par l'acide sulfurique, et des vapeurs nitreuses. Si l'acide a été obtenu avec les pyrites, on y trouve en outre des composés de l'arsenic, du fer, du silicium, etc.

Pour purifier l'acide commercial, on le chauffe d'abord avec un peu de sulfate d'ammonium, qui détruit les composés nitreux, puis on précipite le plomb et l'arsenic à l'état de sulfures par le sulfure de baryum et enfin on distille l'acide dans une cornue de verre (*fig.* 66). Comme l'ébullition de l'acide

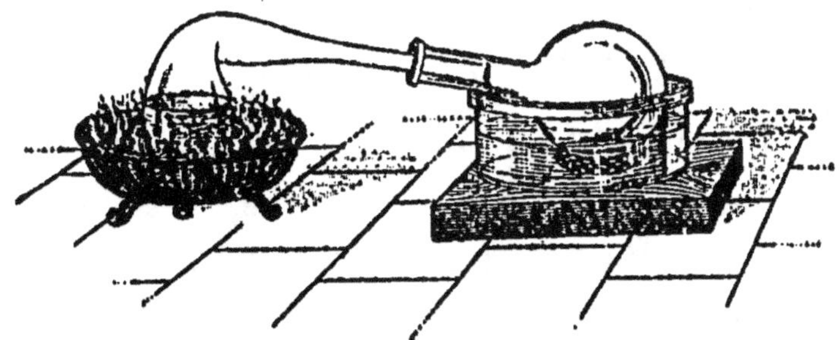

Fig. 66. — Distillation de l'acide sulfurique.

sulfurique se fait avec des soubresauts violents, qui pourraient briser la cornue, on la rend régulière en introduisant dans celle-ci des fragments de porcelaine et en chauffant par les côtés à l'aide d'une grille annulaire. On rejette les premières portions qui distillent et on pousse la distillation jusqu'à ce qu'il ne reste plus dans la cornue que la dixième partie environ de l'acide primitif.

98. Propriétés physiques. — L'acide sulfurique est un liquide incolore, ayant la consistance de l'huile ; il a unesaveur très acide. L'àcide le plus concentré que l'on rencontre dans le commerce marque 66° à l'aréomètre de Baumé; son poids spécifique est 1 g, 842; il bout à 338° et se solidifie vers — 34° en beaux cristaux incolores.

La composition de l'acide à 66° correspond, sensiblement, à la formule $SO^4H^2 + \frac{1}{12} H^2O$. Pour éliminer cette eau, on le soumet à plusieurs congélations successives, en décantant chaque fois la partie restée liquide : on obtient finalement un produit solide, fondant à 10°. C'est l'*acide sulfurique normal*, SO^4H^2.

99. Propriétés chimiques. — L'acide sulfurique est un acide *très énergique*; même très étendu, il donne au tournesol une coloration rouge pelure d'oignon.

La *chaleur* le décompose au rouge vif, en gaz sulfureux, oxygène et vapeur d'eau :

$$SO^4H^2 = SO^2 + O + H^2O.$$

Action des métalloïdes. — Les métalloïdes avides d'oxygène, comme l'hydrogène, le carbone, le soufre, décomposent l'acide sulfurique à une température plus ou moins élevée en s'emparant de tout ou partie de son oxygène.

Nous avons déjà vu l'action du soufre et celle du carbone (85). L'hydrogène, passant avec des vapeurs d'acide sulfurique dans un tube chauffé au rouge, donne de l'eau, du soufre ou du gaz sulfureux, d'après les équations

$$SO^4H^2 + 2H = 2H^2O + SO^2,$$
$$SO^4H^2 + 6H = 4H^2O + S.$$

Action des métaux. — L'acide sulfurique attaque tous les métaux sauf l'or et le platine. Beaucoup de métaux réduisent l'acide sulfurique à chaud ; c'est ainsi que l'on prépare le gaz sulfureux en chauffant du cuivre, du mercure, de l'argent avec cet acide concentré. Le zinc et le fer décomposent à froid l'acide étendu en dégageant de l'hydrogène. Le plomb ne se dissout que très faiblement dans l'acide sulfurique à la température ordinaire; mais à chaud l'attaque est d'autant plus rapide que l'acide est plus concentré.

Dans toutes ces réactions il se forme des sulfates, le métal remplaçant l'hydrogène de l'acide.

La plupart des sulfates sont solubles dans l'eau. Les sulfates de plomb et de baryum sont insolubles et le sulfate de calcium presque insoluble.

Action des bases. — Avec les bases l'acide sulfurique donne aussi des sulfates. Par exemple, avec la soude, on obtient du sulfate neutre, SO^4Na^2, s'il y a assez de base ; s'il y a excès d'acide, on obtient du sulfate acide, SO^4HNa, où la moitié seulement de l'hydrogène de l'acide est remplacée par le sodium.

Action sur les sels. — L'acide sulfurique décompose les sels des acides moins énergiques, c'est-à-dire des acides qui dégagent moins de chaleur en formant les sels analogues. L'acide plus faible est mis en liberté et il se produit un sulfate. C'est ainsi que l'on obtient par exemple l'acide azotique, AzO^3H, en décomposant l'azotate de sodium, l'acide chlorhydrique en décomposant le chlorure de sodium :

$$AzO^3Na + SO^4H^2 = SO^4HNa + AzO^3H ;$$
$$NaCl + SO^4H^2 = SO^4HNa + HCl.$$

On remarquera que dans ces réactions le sulfate formé est insoluble ou l'acide sensiblement volatil.

Action de l'eau. — L'acide sulfurique est très avide d'*eau* ; exposé à l'air, il en absorbe rapidement l'humidité et augmente de volume. Mélangé directement à l'eau, il forme des hydrates en produisant une élévation de température considérable. Pour mettre ce dégagement de chaleur en évidence, on plonge dans l'eau un tube contenant de l'éther, et on verse peu à peu de l'acide sulfurique dans l'eau en agitant constamment : l'éther entre bientôt en ébullition et ses vapeurs peuvent être enflammées à l'extrémité du tube.

Quand on prépare de l'acide sulfurique étendu, *c'est toujours l'acide que l'on verse dans l'eau,* et encore le verse-t-on goutte à goutte et en agitant constamment ; si l'on faisait l'inverse, chaque goutte d'eau tombant dans l'acide concentré se vaporiserait aussitôt et pourrait provoquer des projections d'acide.

La plupart des *matières organiques,* au contact de l'acide sulfurique concentré, perdent leur eau de constitution et sont carbonisées ; c'est ce qui fait que cet acide exposé à l'air brunit en absorbant les poussières organiques. Un morceau de sucre devient jaune brun, puis noir ; des caractères tracés avec l'acide sulfurique sur du bois blanc deviennent rapidement noirs.

Action sur l'organisme. — L'acide sulfurique est un caustique violent, produisant sur les parties délicates de la peau des brûlures profondes ; aussi faut-il le manier avec précaution et éviter d'approcher le visage des vases dans lesquels on chauffe cet acide. Les brûlures qu'il cause doivent être lavées immédiatement avec de l'ammoniaque très diluée, qui forme du sulfate d'ammonium. A l'intérieur, c'est un poison violent, corrodant fortement les muqueuses et amenant rapidement la mort.

Fonction chimique. — L'acide sulfurique est un acide bibasique, un biacide. Un métal monovalent (c'est-à-dire dont un atome peut remplacer un atome d'hydrogène), comme le sodium, pourra donc former deux sulfates : un sulfate acide, SO^4HNa, et un sulfate neutre, SO^4Na^2; un métal bivalent (dont un atome remplace deux atomes d'hydrogène) ne donnera qu'un sulfate : sulfate de zinc, SO^4Zn.

L'acide sulfurique est un acide fort : il dégage beaucoup de chaleur en se combinant avec les bases. Si on verse par exemple quelques gouttes d'acide concentré sur de la baryte anhydre, elle devient incandescente et il se produit des fumées abondantes, dues à l'acide volatilisé.

100. Réactif et dosage de l'acide sulfurique. — On reconnaît et on dose l'acide sulfurique dans une dissolution en ajoutant une solution d'un sel de baryum, du chlorure par exemple. Il se forme un précipité blanc de sulfate de baryum, SO^4Ba :

$$\underset{98}{SO^4H^2} + BaCl^2 = \underset{233}{SO^4Ba} + 2HCl.$$

En lavant, séchant et pesant le précipité, on peut calculer le poids de l'acide sulfurique qui se trouvait dans le volume essayé.

Il faut avoir soin de prendre un sel de baryum qui ne donne pas, avec la solution en question, de précipité autre que de sulfate, comme il arriverait par exemple avec le chlorure, si la solution contenait un sel d'argent.

On dose ainsi dans une solution non seulement l'acide sulfurique libre, mais aussi les sulfates. Avec ceux-ci, en effet, il y a double décomposition et échange des bases entre les acides. Par exemple avec le sulfate de cuivre on a la réaction suivante :

$$SO^4Cu + BaCl^2 = SO^4Ba + CuCl^2.$$

Il est à remarquer que ces doubles décompositions de sels ont lieu quand un des nouveaux sels formés est insoluble, comme le sulfate de baryum, ou volatil.

101. Usages. — L'acide sulfurique est l'acide le plus employé en chimie et dans l'industrie.

On en produit annuellement huit milliards de kilogrammes, dont la plus grande partie sert à la fabrication des soudes du commerce et des superphosphates employés comme engrais.

On emploie encore l'acide sulfurique pour préparer la plupart des acides (acides azotique, chlorhydrique, sulfhydrique, acétique, tartrique, etc.); pour préparer l'hydrogène, le phosphore, le brome, l'iode, etc. ; pour épurer les huiles ; pour fabriquer les aluns, les vitriols, l'éther ordinaire, le glucose, l'alizarine, les bougies ; pour la saccharification des grains en distillerie, le traitement des betteraves par macération, la dénitrification des mélasses en vue de leur faire subir la fermentation alcoolique, etc.

Concentré, il sert à affiner les métaux précieux. Dans les laboratoires on l'utilise pour dessécher les gaz. Il sert, dans des appareils à fabriquer la glace (Carré), à absorber la vapeur d'eau, ce qui active l'évaporation et le refroidissement.

On l'emploie dilué dans la plupart des piles et accumulateurs.

102. Acides sulfuriques fumants. — Ces acides, aussi appelés *acides de Nordhausen* (ville de Saxe où on les fabriquait autrefois par la calcination du sulfate ferrique), sont des dissolutions d'anhydride sulfurique dans l'acide ordinaire, dont la teneur d'anhydride varie de 30 à 40 %.

On les prépare en dissolvant dans de l'acide sulfurique l'anhydride dégagé par le procédé de contact.

Le liquide est sirupeux, répand à l'air d'épaisses fumées blanches, dues à la transformation en acide sulfurique, par la vapeur d'eau atmosphérique, des vapeurs d'anhydride. Il est ordinairement coloré en brun par une petite quantité de matières organiques. La chaleur le décompose en anhydride sulfurique et en acide sulfurique ordinaire.

On l'emploie pour dissoudre l'indigo, parce qu'il en dissout plus que l'acide ordinaire. Il sert aussi à fabriquer plusieurs matières colorantes, entre autres l'alizarine artificielle.

RÉSUMÉ DU CHAPITRE XIV

L'anhydride sulfurique, SO^3, se prépare en faisant passer un courant d'air et de gaz sulfureux sur un catalyseur comme l'amiante platiné à la température de 350°.

C'est un solide formé d'aiguilles blanches soyeuses. Il est très avide d'eau et donne avec elle de l'acide sulfurique. Il sert à la fabrication de cet acide.

L'acide sulfurique, SO^4H^2, est très répandu à l'état de sulfates, principalement de sulfate de calcium. On le prépare en ajoutant de l'eau à l'anhydride ou par oxydation du gaz sulfureux en présence de l'eau et des composés oxygénés de l'azote ; ces derniers ne servent que d'intermédiaires ; ils prennent l'oxygène de l'air pour le fixer sur le gaz sulfureux.

L'acide le plus concentré que l'on rencontre dans le commerce marque 66° Baumé ; il est incolore, oléagineux, très caustique. C'est un acide très énergique. Beaucoup de métaux et de métalloïdes le décomposent ; les uns réagissent sur l'acide étendu et froid en dégageant de l'hydrogène (zinc, fer), les autres réduisent l'acide concentré à chaud en donnant du gaz sulfureux (mercure, cuivre, soufre, carbone).

Il s'unit énergiquement aux bases et décompose la plupart des sels autres que les sulfates en mettant l'acide du sel en liberté.

L'acide sulfurique est très avide d'eau ; mélangé à ce liquide, il dégage une grande quantité de chaleur. Exposé à l'air, il en absorbe la vapeur d'eau.

On le reconnaît au précipité de sulfate de baryum qu'il donne avec un sel de baryum et on le dose en pesant ce précipité.

On emploie l'acide sulfurique dans presque toutes les industries chimiques, à cause de son énergie, de sa stabilité et de son bas prix. On peut citer particulièrement la fabrication des soudes, des superphosphates, des sulfates, la préparation de la plupart des acides et d'une foule de gaz. Les acides sulfuriques fumants sont des mélanges d'acide et d'anhydride sulfurique. Ils servent dans l'industrie des matières colorantes.

CHAPITRE XV

ACIDE SULFHYDRIQUE

Formule : H_2S.   Poids moléculaire : 34.

103. État naturel. — Le gaz acide sulfhydrique, ou hydrogène sulfuré, autrefois nommé *air puant* à cause de son odeur, fait partie des gaz qui se dégagent des volcans. Il existe dans les eaux minérales sulfureuses (eaux de Barèges, d'Aix, d'Enghien), soit à l'état libre, soit à l'état de sulfures alcalins, et leur communique une odeur d'œufs pourris. Il s'en produit toutes les fois que des matières organiques sulfurées entrent en putréfaction : les œufs pourris, la vase des marais, les égouts, les fosses d'aisances, etc., sont des sources d'acide sulfhydrique. Le gaz d'éclairage mal épuré en contient un peu.

104. Préparation. — On prépare l'acide sulfhydrique en décomposant le sulfure de fer par l'acide sulfurique étendu.

Dans un appareil à hydrogène (*fig.* 67) on introduit du sulfure de fer et de l'eau, puis on verse de l'acide sulfurique par le tube à entonnoir. A cause de sa solubilité dans l'eau, on recueille le gaz sur l'eau salée.

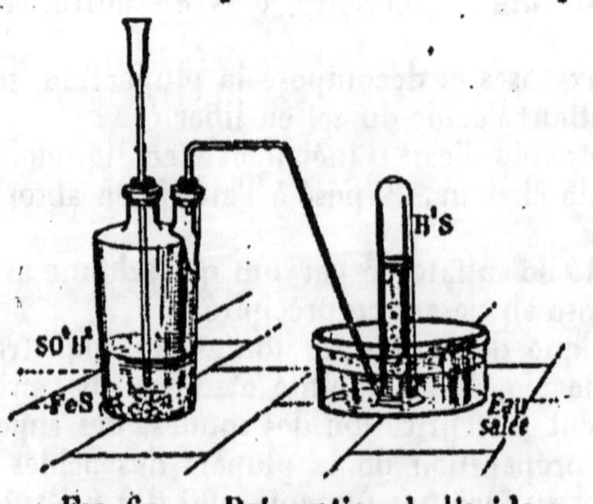

Fig. 67. — Préparation de l'acide sulfhydrique.

Le résidu de la préparation est du sulfate de fer, qui se dissout dans l'eau du flacon :

$$FeS + SO^4H^2 = SO^4Fe + H^2S\nearrow.$$

On peut remplacer l'acide sulfurique par l'acide chlorhydrique ; il se forme du chlorure de fer, $FeCl^2$:

$$FeS + 2HCl = FeCl^2 + H^2S\nearrow.$$

L'acide sulfhydrique préparé avec le sulfure de fer est presque toujours mélangé d'hydrogène ; cela tient à ce que ce sulfure, préparé avec de la limaille de fer et du soufre, renferme du fer libre, qui réagit sur l'acide sulfurique.

Pour avoir la dissolution d'acide sulfhydrique, on dispose à la suite de l'appareil producteur deux flacons laveurs ; le premier contient un peu d'eau pour retenir l'acide sulfurique entraîné ; le second, destiné à absorber les gaz, est rempli presque complètement d'eau préalablement privée d'air par ébullition et refroidie.

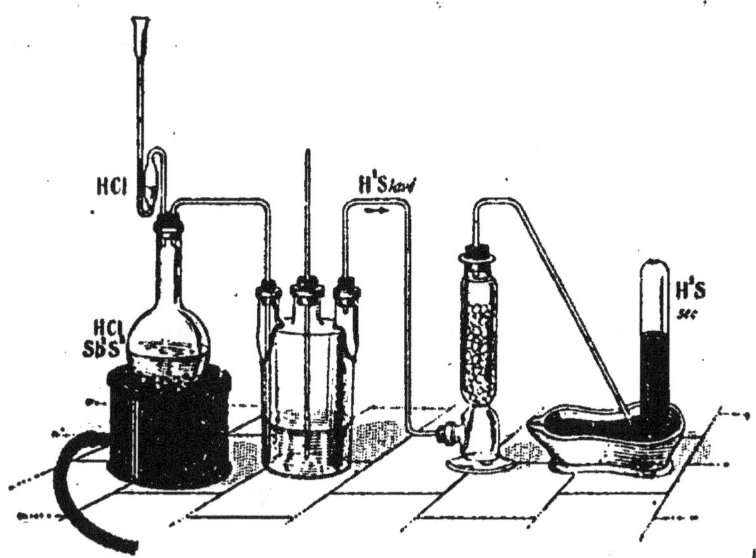

Fig. 68. — Préparation de l'acide sulfhydrique pur.

Préparation de l'acide sulfhydrique pur. — On décompose le sulfure d'antimoine par l'acide chlorhydrique concentré (*fig*. 68) :

$$Sb^2S^3 + 6HCl = Sb^2Cl^6 + 3H^2S\nearrow.$$

Le résidu est du chlorure d'antimoine. Le gaz qui se dégage est lavé dans un flacon où il se débarrasse de l'acide chlorhydrique entraîné, puis il est desséché sur du chlorure de calcium et recueilli sur le mercure.

Industriellement, on prépare l'acide sulfhydrique par l'action de l'acide chlorhydrique sur le résidu dit *charrée* ou *marc de soude*. Ce résidu est un composé complexe contenant surtout du sulfure de sodium.

105. Propriétés physiques. — L'acide sulfhydrique est un gaz incolore, doué d'une odeur fétide rappelant celle des œufs pourris, ét d'une saveur douceâtre. Sa densité par rapport à l'air est 1,19. L'eau en dissout 3 fois son volume à la température ordinaire. Si l'on introduit un peu d'eau dans une éprouvette pleine d'acide sulfhydrique et que l'on agite fortement, l'éprouvette reste adhérente à la main.

Il se liquéfie facilement, sa température critique étant $+ 100°$.

106. Propriétés chimiques. — L'acide sulfhydrique est un *acide faible*, colorant le tournesol en rouge vineux.

Il est *combustible* et brûle avec une flamme pâle, en donnant de l'eau et du gaz sulfureux :

$$H^2S + 3O = H^2O + SO^2.$$

Si on enflamme de l'acide sulfhydrique dans une éprouvette étroite, la combustion est incomplète, car l'air n'arrive pas en quantité suffisante ; il se dépose alors du soufre sur les parois :

$$H^2S + O = H^2O + S.$$

Action des métalloïdes. — En présence de l'eau, l'*oxy-*

gène décompose l'acide sulfhydrique à la température ordinaire avec dépôt de soufre ; c'est pourquoi la dissolution d'acide sulfhydrique se prépare avec de l'eau privée d'air par l'ébullition et se conserve dans des flacons pleins et bien bouchés.

En présence des corps poreux légèrement chauffés, l'acide sulfhydrique est oxydé plus complètement et transformé en acide sulfurique :

$$H^2S + 4O = SO^4H^2.$$

On explique ainsi la corrosion rapide des rideaux dans les établissements d'eaux thermales sulfureuses (Aix-les-Bains).

Le *chlore* décompose instantanément l'acide sulfhydrique ainsi que sa dissolution :

$$H^2S + 2Cl = 2HCl + S ;$$

de là son emploi comme désinfectant. Versons un peu d'eau de chlore dans une éprouvette pleine de gaz sulfhydrique et agitons : l'odeur de ce dernier disparaîtra et nous observerons en même temps un dépôt de soufre.

Le brome et l'iode agissent comme le chlore, mais moins énergiquement.

Action des métaux. — L'acide sulfhydrique est décomposé par tous les métaux, sauf l'or et le platine ; ils s'emparent du soufre et mettent l'hydrogène en liberté.

Un fragment de sodium légèrement chauffé décompose l'acide sulfhydrique :

$$H^2S + Na = NaSH + H.$$

Une pièce d'argent humide introduite dans une éprouvette de gaz sulfhydrique noircit rapidement. Le cuivre dans les mêmes conditions se recouvre d'une mince couche de sulfure de cuivre d'un noir bleuâtre.

Action sur les composés. — A cause de l'hydrogène qu'il contient, l'acide sulfhydrique exerce une action réductrice sur beaucoup de composés : l'acide azotique, le gaz sulfureux, etc. Si on verse quelques centimètres cubes d'acide azotique fumant dans une éprouvette pleine de gaz sulfhydrique, il se produit un dépôt de soufre accompagné de vapeurs rouges de peroxyde d'azote, AzO^2 :

$$2AzO^3H + H^2S = S + 2H^2O + 2AzO^2.$$

L'acide sulfhydrique, qui peut se transformer en acide sulfurique, inversement décompose l'acide sulfurique concentré :

$$SO^4H^2 + H^2S = S + 2H^2O + SO^2,$$

ce qui empêche d'employer l'acide sulfurique concentré pour sa préparation et sa dessiccation.

La soude absorbe l'acide sulfhydrique ; si on remplit incomplètement un tube à essais de ce gaz en laissant 1 cm d'eau, qu'on y introduise une pastille de soude et que l'on ferme ensuite avec le pouce, on provoque l'absorption en agitant et la pression atmosphérique applique le tube contre le doigt.

L'acide sulfhydrique décompose un certain nombre de sels métalliques en dissolution et donne des sulfures insolubles, dont la couleur dépend de la nature du métal que contiennent ces sulfures. Avec les sels de plomb, par exemple, il se précipite du sulfure de plomb noir.

Action sur l'organisme. — L'acide sulfhydrique est un

poison violent. Une très petite quantité de ce gaz suffit pour infecter une salle et provoquer des accidents. Respiré à faible dose, il produit une sensation de malaise, suivie de vertige. Quand il se dégage brusquement en grande quantité, comme à l'ouverture des fosses d'aisances, il peut causer une mort foudroyante : les vidangeurs l'appellent *le plomb,* à cause du poids énorme qui semble brusquement comprimer la poitrine quand on respire ce gaz.

On remédie aux accidents causés par l'acide sulfhydrique en faisant respirer au malade du chlore très dilué, ou mieux de l'oxygène pur.

107. Caractères. — L'acide sulfhydrique peut être facilement décelé par les caractères suivants :

1° Il a une odeur d'œufs pourris.

2° Il brûle avec une flamme bleue accompagnée d'une odeur de gaz sulfureux.

3° Il noircit un papier qui a été imprégné d'une dissolution d'acétate de plomb.

108. Usages. — L'acide sulfhydrique est employé pour l'analyse des sels métalliques. On l'utilise quelquefois pour détruire les animaux nuisibles comme les rats, les guêpes, etc. ; on peut, pour cet usage, préparer ce gaz en chauffant de la fleur de soufre avec du suif ou de l'huile.

C'est le principe actif des eaux minérales sulfureuses.

RÉSUMÉ DU CHAPITRE XV

L'*acide sulfhydrique,* H^2S, se produit principalement dans la putréfaction des matières organiques sulfurées. On le prépare en décomposant, dans un appareil à hydrogène, le sulfure de fer par l'acide sulfurique étendu ; le gaz obtenu est ordinairement mélangé d'hydrogène. L'acide sulfhydrique pur s'obtient en chauffant du sulfure d'antimoine avec de l'acide chlorhydrique concentré dans un ballon de verre ; le gaz est recueilli sur le mercure.

L'acide sulfhydrique est un gaz à odeur d'œufs pourris ; l'eau en dissout 3 fois son volume à la température ordinaire. Il brûle avec une flamme bleuâtre, en donnant de l'eau et du gaz sulfureux.

Parmi les métalloïdes, le chlore décompose immédiatement l'acide sulfhydrique. L'oxygène humide le décompose lentement avec dépôt de soufre. La plupart des métaux forment avec lui un sulfure et mettent l'hydrogène en liberté.

L'acide sulfhydrique réduit un certain nombre de composés oxygénés, comme l'acide azotique, le gaz sulfureux, etc. Il forme avec quelques dissolutions de sels métalliques des sulfures insolubles (sulfure de plomb noir avec les sels de plomb).

Il est très dangereux à respirer.

On l'emploie fréquemment comme réactif dans les laboratoires.

CHAPITRE XVI

ACIDE AZOTIQUE

Formule : AzO^3H.   Poids moléculaire : 63.

109. État naturel. — L'acide azotique ou *acide nitrique* est très répandu à l'état d'*azotates* ou *nitrates*. Le salpêtre ou azotate de potassium forme des dépôts blancs à la surface du sol dans les pays chauds ; l'azotate de sodium existe au Pérou et au Chili en bancs considérables ; enfin les murs des caves et lieux humides se recouvrent fréquemment d'efflorescences blanches d'azotate de calcium.

La production de ces azotates est appelée *nitrification* ; elle résulte de l'oxydation de l'ammoniaque ou des matières organiques azotées en présence de l'air, de l'humidité et d'un composé alcalin. Cette oxydation se fait ordinairement par l'intermédiaire d'un ferment organisé (*ferment nitrique*), très abondant dans le terreau.

110. Préparation. — **Préparation synthétique par l'arc électrique.** — On prépare industriellement de l'acide azotique en faisant combiner de l'azote et de l'oxygène de l'air grâce à la haute température de l'arc électrique.

Il se produit de l'oxyde azotique, AzO, qui, refroidi, donne, avec l'oxygène de l'air, du peroxyde d'azote, AzO^2. Celui-ci, en réagissant sur l'eau chaude, fournit de l'acide azotique :

$$3AzO^2 + H^2O = 2AzO^3H + AzO.$$

L'arc électrique employé a, sous l'influence d'un électro-aimant, une forme aplatie pour présenter plus de surface de contact avec l'air (four Byrkeland et Eyde, *fig.* 69).

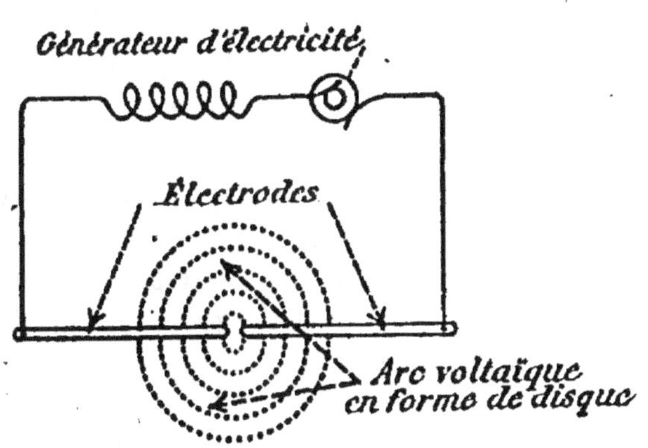

Fig. 69. — Four Byrkeland et Eyde pour la synthèse de l'acide azotique.

Préparation avec les azotates. — *Dans les laboratoires*, on peut préparer l'acide azotique en décomposant l'azotate de potassium, AzO^3K, par l'acide sulfurique concentré. Le résidu est du sulfate acide de potassium, SO^4HK :

$$AzO^3K + SO^4H^2 = SO^4HK + AzO^3H.$$

Le mélange est chauffé doucement dans une cornue dont

le col s'engage librement dans un ballon refroidi (*fig.* 70).
L'acide azotique distille et se condense dans ce ballon.

Fig. 70. — Préparation de l'acide azotique.

Au début de l'opération, l'azotate fond et il se dégage des
vapeurs rutilantes : elles proviennent de la décomposition des
premières portions d'acide azotique
par l'acide sulfurique qui leur enlève les éléments de l'eau. L'atmosphère de la cornue devient peu
à peu incolore, et l'acide distille
régulièrement en entraînant un
peu de peroxyde d'azote, qui le colore en jaune. Des vapeurs rouges
réapparaissent à la fin : la décomposition de l'acide azotique est due
cette fois à la température élevée
qui règne dans l'appareil.

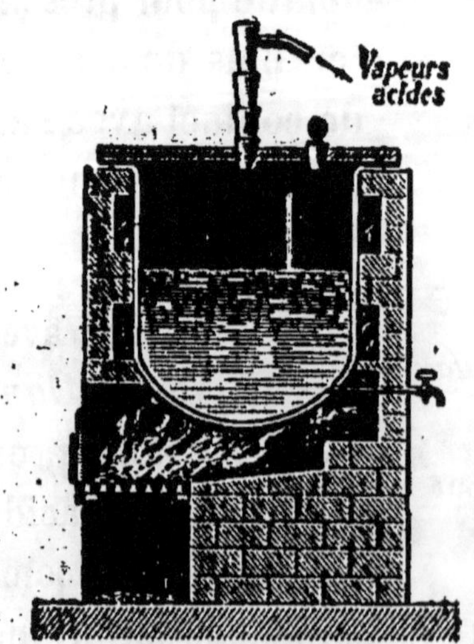

Fig. 71. — Chaudière pour la
préparation de l'acide azotique.

Dans l'industrie, on emploie
toujours l'azotate de sodium, qui
coûte moins cher que l'azotate
de potassium et fournit, à poids
égal, une proportion plus forte d'acide azotique.

La réaction s'effectue dans des chaudières en fonte

(*fig.* 71) munies d'un couvercle en grès percé de deux ouvertures, dont l'une, fermée par un bouchon, sert à introduire l'acide sulfurique, tandis que l'autre porte un tube de grès par lequel se dégagent les vapeurs d'acide azotique. Ces vapeurs passent par une série de bonbonnes étagées et finalement traversent une tour remplie de coke. Un mince filet d'eau parcourt la tour en sens inverse, se rend dans la bonbonne supérieure, puis de là, à l'aide de siphons, se déverse successivement dans les autres bonbonnes, où l'eau s'enrichit de plus en plus en acide azotique.

111. Propriétés physiques. — L'acide azotique *pur* est un liquide incolore, fumant à l'air. Son poids spécifique est 1 g, 52. Il bout à 86°. La chaleur et la lumière le décomposent partiellement, en produisant des vapeurs rouges de peroxyde d'azote, AzO^2 (vapeurs rutilantes).

L'acide azotique *fumant* est de l'acide pur coloré par des vapeurs de peroxyde d'azote.

L'acide azotique *ordinaire* renferme 30 p. 100 d'eau et a pour poids spécifique 1 g, 42. Il bout à 123° sans subir de décomposition.

112. Propriétés chimiques. — La principale propriété de l'acide azotique est d'être un *oxydant énergique*, c'est-à-dire de céder facilement de l'oxygène aux corps qui en sont avides.

L'*hydrogène*, passant avec des vapeurs d'acide azotique dans un tube chauffé au rouge, donne de l'eau et de l'azote :

$$AzO^3H + 5H = 3H^2O + Az.$$

En présence de la mousse de platine chauffée on obtient de l'ammoniac :

$$AzO^3H + 8H = 3H^2O + AzH^3.$$

C'est aussi de l'ammoniac que donne, à la température ordinaire, l'hydrogène à l'état *naissant*, c'est-à-dire mis en liberté au moment même où il réagit.

Si on verse un peu d'acide azotique dans un verre contenant du zinc et de l'acide sulfurique étendu le dégagement d'hydrogène se ralentit et le liquide cont.. .t du sulfate d'ammoniac, dont la formation corrélative a facilité le reste de la réaction.

Action sur les métalloïdes. — Presque tous les métalloïdes sont oxydés par l'acide azotique. Si on chauffe un fragment de *soufre* avec de l'acide azotique fumant, il se dégage des vapeurs rutilantes et il se forme de l'acide sulfurique. Un fragment de *phosphore* introduit dans de l'acide fumant (*fig.* 72) s'enflamme, puis est violemment projeté. Si on verse de l'acide fumant sur du noir de fumée légèrement chauffé, il se produit des étincelles accompagnées

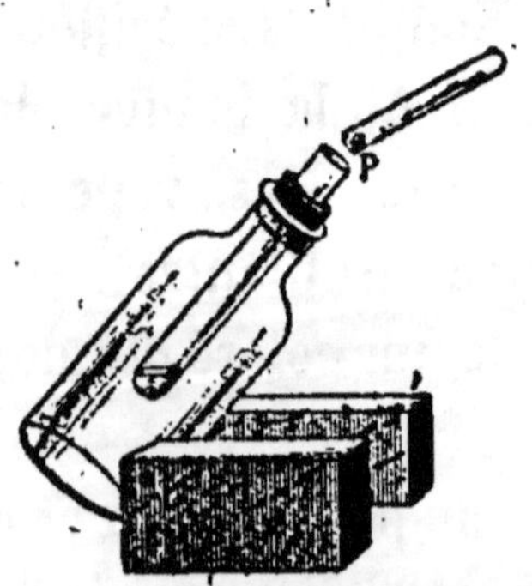

Fig. 72. — Action de l'acide azotique sur le phosphore.

de torrents de vapeurs rutilantes. De même un charbon incandescent brûle avec éclat dans les vapeurs d'acide azotique.

Action sur les métaux. — L'acide azotique oxyde tous les métaux, sauf l'or et le platine, mais l'action varie avec la concentration de l'acide. L'acide concentré n'attaque que les métaux très oxydables comme le potassium, le sodium : la réaction est très vive et il se dégage de l'azote. La plupart des métaux usuels (cuivre, plomb, zinc, mercure), avec l'acide étendu, donnent un azotate et il se dégage de l'oxyde azotique, AzO, qui, au contact de l'air, se transforme en vapeurs rouges de peroxyde d'azote :

$$3Cu + 8AzO^3H = 3(AzO^3)^2Cu + 2AzO^7 + 4H^2O.$$

Le fer réagit énergiquement à froid sur l'acide ordinaire, mais il est sans action sur l'acide fumant. De plus, le fer qui a été plongé dans de l'acide concentré n'est plus attaqué par l'acide ordinaire, car il est entouré d'une couche gazeuse d'oxyde azotique qui le préserve du contact de l'acide ; on dit que le fer est devenu *passif*. Il suffit d'ailleurs de le toucher avec un fil de fer ou dè cuivre pour faire cesser cette passivité.

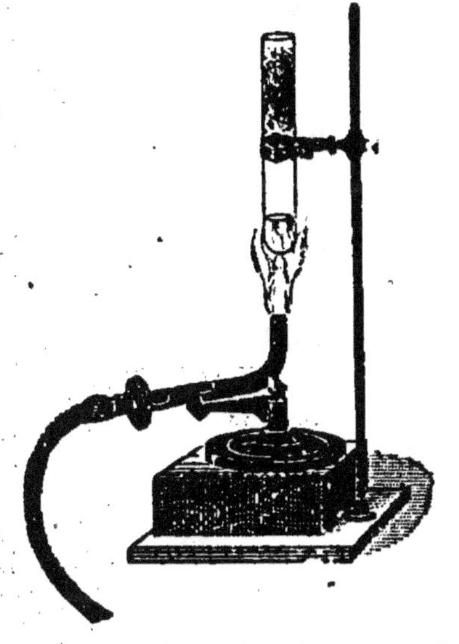

Fig. 73. — Combustion du crin dans la vapeur d'acide fumant.

L'étain est, des métaux attaqués, le seul qui ne donne pas d'azotate. Un morceau de papier d'étain introduit dans de l'acide fumant n'est pas attaqué ; mais si on ajoute de l'eau, une vive réaction se manifeste et on obtient une poudre blanche d'acide métastannique,

$$Sn^5O^{11}H^2 + 4H^2O.$$

Action sur les matières organiques. — L'acide azotique oxyde également la plupart des matières organiques. La réaction est quelquefois assez violente pour être accompagnée d'une production de lumière.

Si on projette de l'acide fumant sur un papier imprégné d'essence de térébenthine, il y a inflammation et dégagement de torrents de vapeurs nitreuses. De même, le crin brûle avec une vive lumière dans la vapeur d'acide fumant (*fig.* 73).

L'acide azotique décolore l'indigo. Il colore en jaune la peau, la laine, la soie, et les brûle si son action est prolongée. Chauffé avec de l'amidon, du glucose, etc., il les transforme en acide oxalique, en même temps qu'il se dégage des vapeurs nitreuses.

D'autres matières organiques sont transformées. Ainsi la benzine se transforme en nitrobenzine :

$$C^6H^6 + AzO^3H = C^6H^5.AzO^2 + H^2O.$$

De même la glycérine est transformée en nitroglycérine, le phénol ou acide phénique en acide picrique, le coton ordinaire en coton-poudre, etc.

Fonction chimique. — L'acide azotique est un acide énergique, rougissant fortement le tournesol.

C'est un mono-acide ou acide monobasique. Suivant qu'un métal sera mono-, bi- ou trivalent, son azotate se formera à l'aide de 1, 2 ou 3 molécules d'acide, fournissant 1, 2 ou 3 atomes d'hydrogène ; exemples : AzO^3Na, $(AzO^3)^2Ca$, $(AzO^3)^3Bi$.

Action sur l'organisme. — L'acide azotique produit sur la peau des taches jaunes occasionnant des brûlures graves si l'acide est concentré. A l'intérieur, il corrode les muqueuses et amène rapidement la mort.

113. Caractères. — L'acide azotique se distingue des autres acides par les caractères suivants :

1° Il a une odeur désagréable de vapeurs nitreuses, colore la peau en jaune et décolore l'indigo.

2° Au contact du cuivre et du mercure, il dégage des vapeurs rutilantes.

3° Mélangé à l'acide sulfurique, il colore le sulfate ferreux en rose ou en brun.

114. Eau régale. — L'eau régale est un mélange d'acide azotique et d'acide chlorhydrique. Elle doit son nom à la propriété qu'elle possède de dissoudre l'or, le roi des métaux.

Pour mettre en évidence cette propriété, on chauffe séparément deux tubes à essais contenant, outre une feuille d'or, l'un de l'acide azotique, l'autre de l'acide chlorhydrique ; aucune action ne se produit. Mais si on mélange le contenu des deux tubes à essais, l'or disparaît et le liquide prend une teinte jaune due à la présence du chlorure d'or. Le platine serait dissous de même par l'eau régale et transformé en chlorure de platine.

L'eau régale agit surtout par le chlore qui résulte de l'action de l'acide chlorhydrique sur l'acide azotique :

$$AzO^3H + HCl = Cl + H^2O + AzO^2.$$

L'eau régale sert à dissoudre l'or. On l'utilise dans la métallurgie du platine. Celle qui est le plus fréquemment employée renferme 1 vol. d'acide azotique ordinaire et 2 vol. d'acide chlorhydrique concentré.

115. Usages. — *L'acide ordinaire* est employé pour préparer les azotates de mercure, de cuivre, d'argent, de plomb, le sous-azotate de bismuth, la dextrine, l'acide oxalique, etc., pour affiner les métaux précieux, pour faire les essais d'or et d'argent, pour teindre en jaune la laine, la soie, les plumes. Il joue un rôle important dans la fabrication de l'acide sulfurique.

L'acide fumant sert à préparer des composés organiques importants : nitrobenzine, acide picrique, nitroglycérine, coton-poudre, celluloïd.

Enfin dans les ateliers on consomme une grande quantité d'acide azotique plus ou moins aqueux sous les noms d'*eau-forte*, *eau-seconde*, etc., pour la gravure sur cuivre, pour le secrétage ([1]) en chapellerie, pour dissoudre les oxydes formés à la surface du cuivre, du laiton, du bronze, etc.

Gravure sur cuivre. — La plaque de cuivre bien nettoyée est recouverte d'un vernis et avec une pointe fine on trace sur ce vernis le dessin ou les caractères à graver, en ayant soin de mettre le cuivre à nu; puis on verse une couche d'eau-forte sur la plaque entourée d'un bourrelet de cire. Quand on juge qu'elle a suffisamment mordu, on lave à l'eau et on dissout le vernis par de l'essence de térébenthine. On peut remplacer le vernis par la paraffine.

RÉSUMÉ DU CHAPITRE XVI

L'*acide azotique* est très répandu à l'état d'azotates de calcium, de sodium, de potassium. On le prépare par synthèse en faisant combiner l'oxygène et l'azote de l'air sous l'influence d'un arc électrique : il se forme de l'oxyde azotique, AzO, qui se transforme, au contact de l'air moins chaud, en peroxyde d'azote, AzO^2, lequel produit de l'acide azotique en réagissant sur l'eau. On le prépare aussi en chauffant un mélange d'azotate de potassium ou de sodium et d'acide sulfurique concentré ; les vapeurs d'acide azotique se condensent dans un ballon refroidi.

Pur, l'acide azotique est un liquide incolore, répandant à l'air des fumées blanches. On l'appelle acide fumant quand il est coloré en jaune par des vapeurs rutilantes. L'acide ordinaire contient 30 % d'eau ; il est plus stable que l'acide fumant et bout sans se décomposer à 123°.

L'acide azotique est un oxydant énergique : il oxyde à froid le phosphore et presque tous les métaux. La plupart des métaux usuels (cuivre, fer) donnent avec l'acide étendu un azotate et il se dégage des vapeurs rouges de peroxyde d'azote, AzO^2.

______

([1]) Traitement des peaux par l'azotate de mercure pour faciliter le feutrage des poils.

La plupart des matières organiques sont attaquées par l'acide azotique et détruites (inflammation de l'essence de térébenthine, coloration de la peau en jaune, décoloration de l'indigo).

Le mélange d'acide azotique et d'acide chlorhydrique est l'*eau régale*, qui dissout l'or et le platine.

L'acide azotique est employé pour préparer les azotates, l'acide sulfurique, pour décaper les métaux, pour graver sur cuivre, pour teindre en jaune la laine et la soie.

CHAPITRE XVII

OXYDES DE L'AZOTE — LOI DES PROPORTIONS MULTIPLES

116. Oxydes de l'azote. — L'azote forme avec l'oxygène six composés différents, qui sont tous très instables
et dont la décomposition est accompagnée d'un dégagement de chaleur. Le plus stable est le peroxyde d'azote,
qui ne se décompose qu'au rouge blanc.

L'hydrogène les décompose à une température élevée en
donnant de l'eau et de l'azote ; si l'action a lieu en présence de la mousse de platine, il se produit de l'ammoniac
et de l'eau.

La facilité avec laquelle ils abandonnent leur oxygène
en fait des corps très oxydants.

L'acide azotique étant formé avec le plus oxygéné des
cinq premiers de ces composés et étant plus difficile à
produire (c'est-à-dire absorbant plus de chaleur en se formant), on peut les tirer de lui ou de ses sels.

117. Loi des proportions multiples. — Comparons

les poids d'oxygène qui dans les composés oxygénés de l'azote sont combinés avec un même poids d'azote, $2Az = 28$ g. par exemple. On a le tableau suivant :

Composés.		Proportions.	
		Azote.	Oxygène.
Oxyde azoteux.. . . .	Az^2O	$2Az$	$O \times 1$
Oxyde azotique..	AzO	$2Az$	$O \times 2$
Anhydride azoteux. . .	Az^2O^3	$2Az$	$O \times 3$
Peroxyde d'azote. . . .	AzO^2	$2Az$	$O \times 4$
Anhydride azotique. . .	Az^2O^5	$2Az$	$O \times 5$
Anhydride perazotique. .	AzO^3	$2Az$	$O \times 6$

On voit que les poids d'oxygène sont proportionnels à 1, 2, 3, 4, 5 et 6. Si on examine de même les rapports qu'ont entre eux les poids d'un corps quelconque qui se combinent avec un même poids d'un autre en formant divers composés, on constate toujours que ces rapports sont simples.

Ainsi pour les composés oxygénés du soufre :

$$Anhydride\ sulfureux. \quad SO^2 = S + 2O ;$$
$$\text{—} \qquad sulfurique. \quad SO^3 = S + 3O.$$

Ou encore :

$$Protoxyde\ de\ sodium.. \quad Na^2O = 2Na + O ;$$
$$Bioxyde\ de\ sodium. \quad Na^2O^2 = 2Na + 2O.$$

De l'ensemble de toutes les observations de ce genre on conclut à la loi importante des proportions multiples, qui s'énonce de la manière suivante :

Lorsque deux corps peuvent, en se combinant entre eux, former plusieurs composés distincts, les différents poids de l'un qui s'unissent à un même poids de l'autre sont entre eux dans des rapports simples.

RÉSUMÉ DU CHAPITRE XVII

L'azote forme avec absorption de chaleur six composés oxygénés très instables. L'hydrogène les décompose à chaud en donnant de l'eau et de l'azote, ou, en présence de la mousse de platine, de l'ammoniac et de l'eau. Ce sont des corps oxydants.

Ces six composés sont formés par la combinaison d'une même quantité d'azote avec 1, 2, 3, 4, 5 ou 6 parties d'oxygène. On observe de même dans les autres composés que : lorsque deux corps peuvent former plusieurs composés, les divers poids de l'un qui s'unissent à un même poids de l'autre sont entre eux dans des rapports simples (loi des proportions multiples).

CHAPITRE XVIII

AMMONIAC

Formule : AzH³.   Poids moléculaire : 17.

118. État naturel. — Le composé gazeux d'azote et d'hydrogène appelé *ammoniac* se produit dans la putréfaction, sous l'influence d'êtres microscopiques appelés ferments (fermentation ammoniacale), ou dans la décomposition par la chaleur des matières organiques renfermant de l'azote : les eaux vannes, les urines putréfiées dégagent de l'ammoniac quand on les distille avec de la chaux. On trouve une petite quantité d'ammoniac dans l'air à l'état de carbonate et d'azotate. Enfin la plupart des oxydations lentes en présence de l'eau donnent naissance à de l'ammoniaque : telles sont la formation de la rouille, l'oxydation du phosphore à l'air humide...

En général, on appelle *gaz ammoniac* le gaz lui-même, et on réserve le nom d'*ammoniaque* à sa dissolution dans l'eau.

119. Préparation. — *Dans l'industrie*, on obtient le gaz ammoniac en distillant des urines putréfiées, des eaux d'épuration des usines à gaz, etc., avec de la chaux éteinte. On reçoit le gaz dans l'eau, où il se dissout. Cette solution est l'*ammoniaque* du commerce, appelée aussi quelquefois *alcali volatil*. Elle est ordinairement colorée en jaune par des matières organiques, et contient en outre du carbonate et du sulfure d'ammonium.

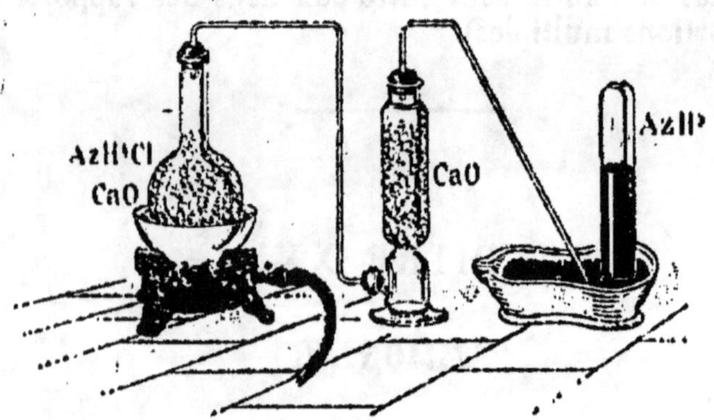

Fig. 74. — Préparation du gaz ammoniac.

Dans les laboratoires, on prépare le gaz ammoniac en décomposant le sel ammoniac ou chlorure d'ammonium (composé d'azote, d'hydrogène et de chlore) par la chaux. Il se produit du chlorure de calcium, de l'eau et de l'ammoniac :

$$2AzH^4Cl + CaO = CaCl^2 + H^2O + 2AzH^3.$$

chlorure   chaux   chlorure   ammoniac.
d'ammonium   vive de calcium

On broie rapidement dans un mortier de la chaux vive avec du chlorure d'ammonium pulvérisé, puis on introduit ce mélange dans un ballon que l'on achève de remplir jusqu'au col avec des fragments de chaux vive (*fig.* 74). La réaction commence à froid ; on l'active en chauffant au bain de sable. Le gaz ammoniac traverse une éprouvette contenant de la chaux vive, qui achève de le dessécher; à cause de sa grande solubilité dans l'eau, on le recueille sur le mercure ou par déplacement dans des flacons très secs renversés l'ouverture en bas.

On obtient plus rapidement et plus simplement du gaz ammoniac en chauffant doucement l'ammoniaque du commerce dans un petit ballon : cette dissolution abandonne la plus grande partie de son gaz bien avant la température d'ébullition de l'eau.

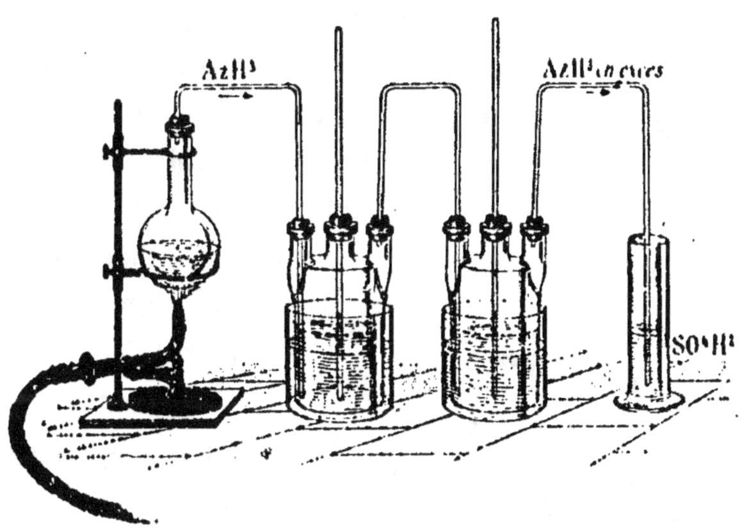

Fig. 75. — Préparation de la dissolution ammoniacale pure.

Quand on prépare la dissolution ammoniacale dans les laboratoires, les tubes à dégagement doivent plonger jusqu'au fond des flacons, car la dissolution est plus légère que l'eau ; les flacons doivent être entourés d'eau froide pour absorber la chaleur dégagée par la dissolution. L'appareil est terminé par une éprouvette contenant de l'acide sulfurique destiné à absorber le gaz en excès (*fig.* 75).

120. Propriétés physiques. — Le gaz ammoniac a une

odeur vive et pénétrante. Sa densité n'est que 0,59 (1 l. pèse 0 g, 76).

L'eau dissout plus de 1 000 fois son volume de gaz ammoniac à 0° et 700 fois vers 15°. Cette extrême solubilité peut être mise en évidence, comme pour l'acide chlorhydrique (49), par l'expérience du jet d'eau (*fig.* 76); l'eau colorée en rouge par du tournesol bleuit en pénétrant dans le flacon, parce que l'ammoniaque est une base énergique.

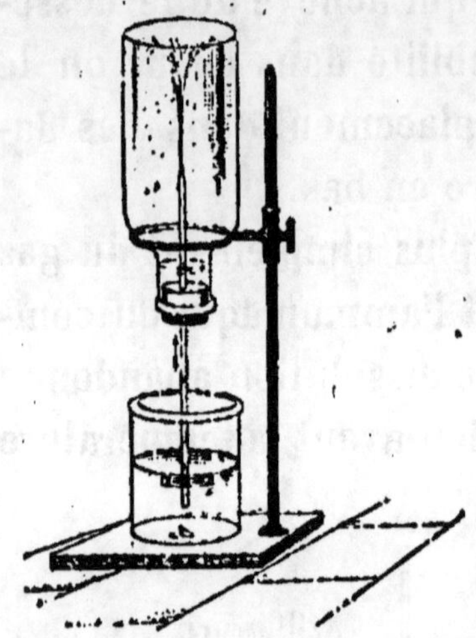

Fig. 76. — Solubilité du gaz ammoniac.

absorber 90 fois son volume, soit 1/10 de son poids, d'ammoniac, qu'il laisse ensuite dégager dans le vide ou quand on le chauffe(1).

Le charbon de bois peut à 0°

Le gaz ammoniac est facilement liquéfiable. Sa température critique est + 131°; il bout à — 35°. On le vend liquide dans des cylindres d'acier analogues à ceux qui servent pour le chlore. 1 litre du liquide donne environ 825 litres de gaz.

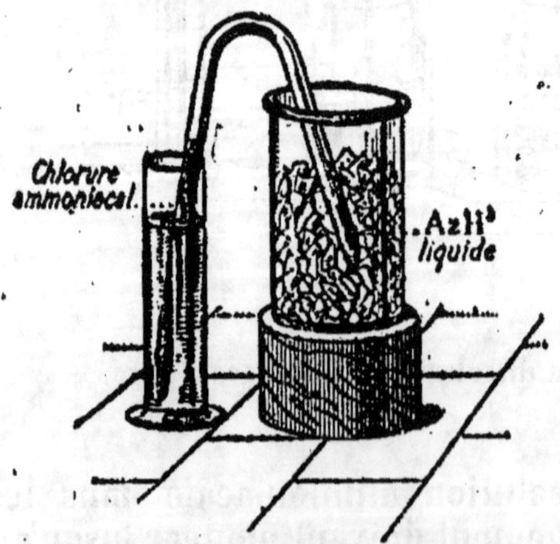

Fig. 77. — Liquéfaction du gaz ammoniac.

Pour réaliser cette liquéfaction dans les laboratoires, on

____

(1) On remarquera que les gaz les plus solubles dans l'eau sont aussi ceux qui sont absorbés le plus facilement par le charbon.

utilise la propriété que possède le chlorure d'argent d'absorber une grande quantité d'ammoniac à froid et de l'abandonner ensuite par une faible élévation de température. On introduit du chlorure d'argent saturé de gaz ammoniac dans un tube de Faraday (*fig.* 77), on le ferme à la lampe, puis, la branche contenant le chlorure étant plongée dans de l'eau chaude, on maintient l'autre branche dans de la glace. Le gaz, sous l'influence de la pression, se condense dans cette dernière branche en un liquide incolore, qui se solidifie à — 75° en une masse transparente.

Composition. — Quand on fait passer du gaz ammoniac dans un tube de porcelaine porté au rouge blanc, il se décompose en azote et hydrogène. Il se décompose également si on le fait traverser par une longue série d'étincelles électriques. Le volume augmente jusqu'à devenir double Si alors on introduit dans l'eudiomètre, avec de l'oxygène, le gaz résultant, une étincelle déterminera la formation d'eau et on constatera que 2 volumes de gaz ammoniac proviennent de la combinaison de 3 volumes d'hydrogène avec 1 volume d'azote.

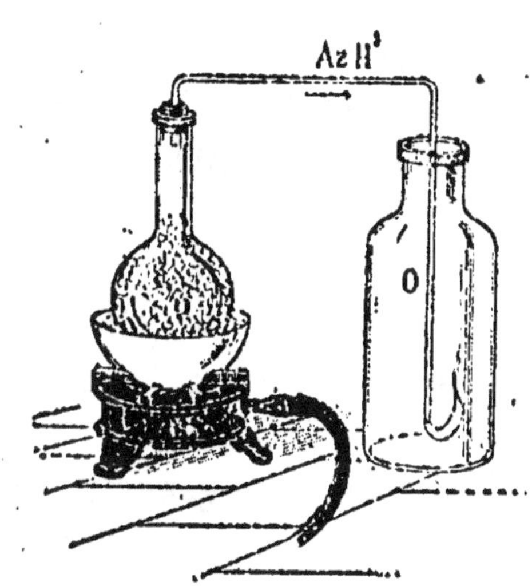

Fig. 78. — Combustion du gaz ammoniac dans l'oxygène.

C'est un autre exemple de la *loi des combinaisons en volume* (52): cette loi se manifeste par la simplicité des rapports entre eux des volumes atomiques et moléculaires.

124. Propriétés chimiques. — Le gaz ammoniac ne brûle pas à l'air, mais un jet de ce gaz arrivant dans un flacon plein d'*oxygène* (*fig.* 78) peut être enflammé et brûle avec une flamme jaunâtre ; il se forme de l'eau et l'azote reste libre :

$$2AzH^3 + 3O = 3H^2O + 2Az.$$

Un mélange d'ammoniac et d'oxygène passant sur de la mousse de platine chauffée donne de l'acide azotique :

$$AzH^3 + 4O = AzO^3H + H^2O.$$

Le *chlore* décompose instantanément le gaz ammoniac ; il y a production de fumées blanches de chlorure d'ammonium (124).

Action sur les composés. — L'ammoniaque est une base puissante ayant une forte réaction alcaline. Elle bleuit la teinture de tournesol rougie par un acide et rougit la phtaléine.

L'*acide chlorhydrique* se combine avec le gaz ammoniac à volumes égaux. Il se forme des fumées blanches, épaisses, de chlorure d'ammonium, AzH^4Cl (124). Les autres hydracides (acides bromhydrique, sulfhydrique, etc.) agissent de même.

Les *acides oxygénés* fixent directement le gaz ammoniac en donnant aussi naissance à des sels : azotate d'ammonium, AzO^3AzH^4, sulfate d'ammonium, $SO^4(AzH^4)^2$, etc. Tous ces sels sont appelés *sels ammoniacaux*.

Le gaz ammoniac, riche en hydrogène, est un réducteur énergique ; si on fait passer un courant de ce gaz sur de l'oxyde de cuivre, il y a dégagement de chaleur et de lumière et le résidu est du cuivre métallique rouge.

Enfin l'ammoniaque agit sur les dissolutions de *sels métalliques* et en précipite les hydrates métalliques insolubles dans l'eau. Versons, par exemple, de l'ammoniaque dans deux verres à pied contenant, l'un une dissolution d'azotate de plomb, l'autre une dissolution de sulfate de cuivre. Dans le premier, il se précipitera de l'hydrate de plomb PbO^2H^2, blanc, insoluble dans un excès d'ammoniaque ; dans le second, de l'hydrate cuivrique, CuO^2H^2, bleu verdâtre, qui se dissout dans un excès d'ammoniaque en donnant une liqueur d'un bleu intense (eau céleste).

Ammonium. — Les *sels ammoniacaux* sont en tout comparables aux sels correspondants de potassium et de sodium ; aussi admet-on que le groupement AzH^4, appelé *ammonium*, joue dans les sels ammoniacaux le même rôle que le potassium ou le sodium dans les sels alcalins, ce qui donne à ces deux espèces de sels des formules parallèles :

$$AzH^4Cl, \ KCl ; \qquad AzO^3AzH^4, \ AzO^3K ;$$
$$SO^4(AzH^4)^2, \ SO^4K^2 ; \ etc.$$

L'ammonium n'a pas été isolé, mais il est probable qu'on l'obtient en combinaison avec le mercure dans l'expérience suivante : projetons peu à peu et avec précaution des fragments de sodium dans du mercure légèrement chauffé, puis versons l'amalgame de sodium ainsi obtenu dans un long tube contenant une dissolution concentrée de chlorure d'ammonium et agitons : il se forme aussitôt un nouvel amalgame très volumineux, à consistance butyreuse, en même temps qu'apparaît dans le liquide du chlorure de sodium. Ce dernier amalgame, très instable, semble être une combinaison de mercure et d'ammonium.

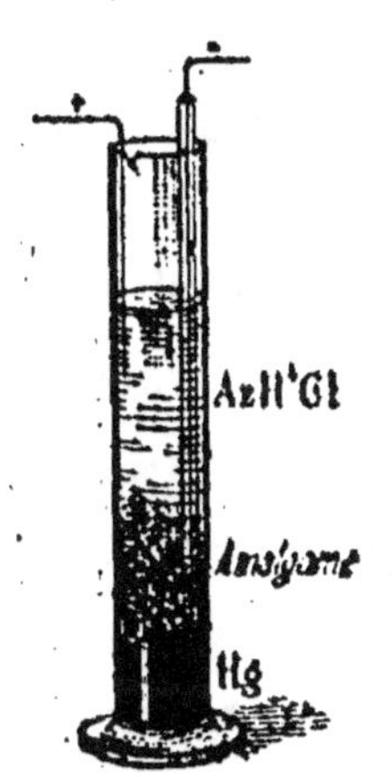

Fig. 79. — Électrolyse du chlorure d'ammonium en présence du mercure.

On considère aussi comme un amalgame d'ammonium la masse spongieuse qui se forme quand on décompose par le courant électrique une dissolution concentrée de chlorure d'ammonium en contact avec une couche de mercure servant d'électrode négative (*fig.* 79).

Action sur l'organisme. — Le gaz ammoniac provoque les larmes et peut déterminer des ophtalmies dangereuses.

L'ammoniaque produit sur la peau une sensation de cuisson d'autant plus vive que la solution est plus concentrée. Introduite à l'intérieur à très petite dose, elle stimule le système nerveux; à dose plus forte, c'est un poison irritant énergique à cause de son action sur les muqueuses.

122. Caractères. — Le gaz ammoniac se reconnaît principalement à son odeur pénétrante et aux épaisses fumées blanches qu'il répand au contact de l'acide chlorhydrique. Il communique au papier de tournesol rouge une coloration bleue.

123. Usages. — L'ammoniaque est un réactif très employé dans les laboratoires. Dans l'industrie, on en consomme de grandes quantités dans la préparation des soudes dites *à l'ammoniaque* (procédé Solvay), des sels ammoniacaux et de quelques matières colorantes (orseille, carmin de cochenille). On l'emploie aussi pour le dégraissage des laines, pour le lavage des flanelles et des lainages blancs.

En médecine, l'ammoniaque sert pour cautériser les piqûres de guêpes, s'administre à l'intérieur à très petite dose pour combattre l'ivresse, entre dans la composition de l'eau sédative.

On utilise le gaz ammoniac liquéfié pour produire de la glace et du froid : tantôt on se sert d'appareils analogues à ceux qui emploient l'anhydride sulfureux (SO), tantôt une masse d'eau tour à tour chauffée et refroidie laisse dans un premier temps dégager l'ammoniac qu'elle contenait et qui va alors dans un réfrigérant se liquéfier par sa pression, et dans un deuxième temps l'absorbe à nouveau en produisant le froid par l'évaporation du gaz liquide.

124. Principaux sels d'ammonium. — **Chlorure d'ammonium, AzH^4Cl.** — Le chlorure d'ammonium, appelé aussi *sel ammoniac*, se prépare en recevant dans l'acide chlorhydrique les vapeurs ammoniacales dégagées par la distillation des eaux d'épuration du gaz d'éclairage avec un peu de chaux.

Sa principale propriété est d'être décomposé à chaud par les oxydes métalliques, en produisant le plus ordinairement de l'eau, du gaz ammoniac et un chlorure volatil :

$$2AzH^4Cl + CuO = CuCl^2 + 2AzH^3 + H^2O.$$

On réalise cette expérience en chauffant une lame mince de cuivre dans la partie chaude d'un brûleur; le cuivre se recouvre d'oxyde CuO noir. On plonge ensuite vivement cette lame dans un verre contenant une dissolution de chlorure d'ammonium : le cuivre réapparaît avec sa couleur rouge.

Cette propriété fait employer le sel ammoniac pour décaper la surface oxydée de certains métaux, ce qui permet, soit de souder ces métaux entre eux, soit de recouvrir le fer de zinc ou d'étain.

On se sert également de sel ammoniac dans les éléments de pile Leclanché.

On l'emploie enfin pour préparer l'ammoniaque pure, le carbonate d'ammonium et certaines matières colorantes.

125. Sulfate d'ammonium, $SO^4(AzH^4)^2$. — Le sulfate d'ammonium se prépare en recevant dans l'acide sulfurique les vapeurs ammoniacales dégagées par l'action de la chaux sur les eaux d'épuration du gaz, les eaux vannes, etc.

Le sulfate d'ammonium cristallise en prismes rhomboïdaux droits, anhydres, solubles dans leur poids d'eau bouillante. Chauffés, ils fondent vers 150°, puis se décomposent vers 300° en dégageant du gaz ammoniac et laissant du sulfate acide, $SO^4H(AzH^4)$, décomposable lui-même à une température plus élevée.

Le sulfate d'ammonium constitue un engrais très employé. Il sert aussi à préparer plusieurs sels d'ammonium. Uni au sulfate d'aluminium, il donne l'alun ammoniacal.

126. — Azotate d'ammonium, AzO^3AzH^4. — On obtient l'azotate d'ammonium par la réaction de l'acide azotique étendu sur l'ammoniaque. Il cristallise en prismes orthorhombiques et a une saveur piquante. Il se dissout dans son poids d'eau en absorbant de la chaleur, ce qui le fait employer comme réfrigérant; de la température de + 10° on peut atteindre — 15°. Il suffit ensuite d'évaporer la solution pour faire cristalliser l'azotate, qui peut alors servir à nouveau.

On emploie l'azotate d'ammonium à la fabrication de poudres spéciales utilisées dans les mines grisouteuses parce qu'elles ne provoquent pas l'inflammation du grisou comme les autres explosifs. Dans ces poudres l'azotate d'ammonium fournit l'oxygène nécessaire à la combustion des autres composants, en même temps qu'il met en liberté de la vapeur d'eau et de l'azote.

RÉSUMÉ DU CHAPITRE XVIII

L'*ammoniac*, AzH^3, se produit principalement dans la fermentation ammoniacale et dans la décomposition par la chaleur des matières organiques azotées.

Dans l'industrie on distille avec de la chaux les urines putréfiées, les eaux d'épuration d'usines à gaz, etc., et on reçoit le gaz dans l'eau (pour préparer l'ammoniaque ou alcali volatil) ou dans des acides (pour préparer les sels ammoniacaux).

Dans les laboratoires on prépare le gaz ammoniac en chauffant doucement soit un mélange de chlorure d'ammonium et de chaux vive, soit la dissolution ammoniacale du commerce. Le gaz est recueilli sur le mercure ou à sec.

Le gaz ammoniac a une odeur très vive; il est très léger et extrêmement soluble dans l'eau. Sa dissolution porte le nom d'ammoniaque; elle perd tout son gaz quand on la chauffe.

Le gaz ammoniac est décomposé par une série d'étincelles électriques. 2 vol. de gaz donnent 3 volumes d'un mélange de 1 vol. d'azote et 3 vol. d'hydrogène.

Une bougie allumée s'éteint dans le gaz ammoniac, mais un jet de ce gaz peut être enflammé dans de l'oxygène pur et brûle avec une flamme jaunâtre en donnant de l'eau et de l'azote. Dans le chlore, l'inflammation est spontanée.

L'ammoniaque est une base puissante. Elle s'unit par simple addition aux acides pour former les sels ammoniacaux, analogues aux sels de potassium et de sodium. Pour respecter cette analogie, on admet l'existence d'un métal composé, l'*ammonium*, AzH^4, qui jouerait dans les sels ammoniacaux le même rôle que le potassium dans les sels de potassium. Ces deux genres de sels se trouvent ainsi représentés par des formules parallèles. L'ammonium n'a pas été isolé, mais on l'obtient à l'état d'amalgame très instable quand on décompose le chlorure d'ammonium par l'amalgame de sodium ou par l'électrolyse avec cathode de mercure.

L'ammoniaque précipite les oxydes insolubles des dissolutions de sels métalliques, ce qui la fait employer comme réactif.

On emploie fréquemment l'ammoniaque en médecine et dans les laboratoires. Dans l'industrie, elle sert principalement à fabriquer les soudes à l'ammoniaque et les sels ammoniacaux.

Le *chlorure d'ammonium*, AzH^4Cl, s'obtient notamment en recevant dans l'acide chlorhydrique les vapeurs ammoniacales provenant des eaux de condensation du gaz d'éclairage. Chauffé avec les oxydes métalliques, il les décompose en formant un chlorure généralement volatil; de là son emploi pour décaper les métaux. Il est employé également dans certaines piles électriques.

Le *sulfate neutre d'ammonium*, $SO^4(AzH^4)^2$, se prépare comme le chlorure, mais en remplaçant l'acide chlorhydrique par l'acide sulfurique. Par la chaleur, il se décompose en dégageant du gaz ammoniac. On l'emploie comme engrais et pour préparer quelques sels ammoniacaux.

L'*azotate d'ammonium* se prépare par l'action de l'acide azotique sur l'ammoniaque. Il absorbe de la chaleur en se dissolvant et sert de réfrigérant. On l'emploie pour faire des explosifs n'enflammant pas le grisou.

CHAPITRE XIX

ACIDE PHOSPHORIQUE — PHOSPHORE

ACIDE PHOSPHORIQUE

Formule: PO^4H^3.   Poids moléculaire: 98.

127. État naturel. Phosphates. — L'acide phosphorique ou, plus exactement, orthophosphorique, n'existe pas libre dans la nature, mais on l'y rencontre abondamment à l'état de phosphate de calcium, aussi appelé phosphate tricalcique, $(PO^4)^2Ca^3$.

Il forme les 8/10 de la substance minérale des os; il

existe aussi dans divers liquides de l'organisme, ainsi que dans les terres arables. On le trouve en masses considérables dans le sol, d'où on extrait, pour servir d'engrais, une quantité totale annuelle d'environ 6 millions de tonnes.

Une grande partie des phosphates naturels est transformée en *superphosphates* : en les traitant par l'acide sulfurique, on obtient de l'acide phosphorique et du phosphate monocalcique, qui sont solubles dans l'eau et dont l'action fertilisante est, par suite, beaucoup plus énergique que celle du phosphate tricalcique, qui est insoluble dans l'eau.

128. Préparation. — Dans l'industrie, on traite le phosphate minéral ou, ce qui est le cas général, la matière minérale des os, par l'acide sulfurique en quantité suffisante ; il se produit de l'acide phosphorique, qui reste dissous, et du sulfate de calcium, SO^4Ca, qui se précipite :

$$(PO^4)^2Ca^3 + 3SO^4H^2 = 2PO^4H^3 + 3SO^4Ca.$$

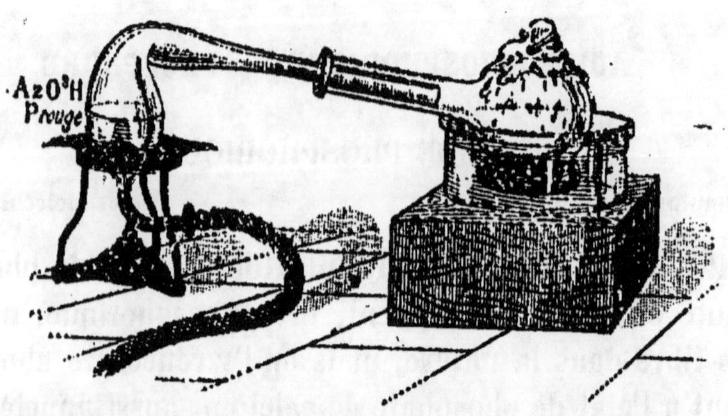

Fig. 80. — Préparation de l'acide orthophosphorique.

Dans les laboratoires on prépare l'acide orthophospho

rique en chauffant du phosphore rouge (136) avec de l'acide azotique étendu (*fig*. 80): l'acide orthophosphorique formé reste dans la cornue, et l'acide azotique chargé de vapeurs nitreuses qui se dégage est condensé dans un ballon refroidi. Quand tout le phosphore a disparu, on concentre le contenu de la cornue jusqu'à 200° et on laisse refroidir : il se dépose des cristaux transparents d'acide orthophosphorique.

129. Propriétés. — L'acide orthophosphorique cristallise en prismes droits à base rhombe, transparents, déliquescents, et se dissout dans l'eau en toutes proportions.

Chauffé vers 188°, il perd de l'eau et se transforme d'abord en acide pyrophosphorique, $P^2O^7H^4$:

$$2PO^4H^3 = H^2O + P^2O^7H^4,$$

puis en acide métaphosphorique, PO^3H :

$$P^2O^7H^4 = H^2O + 2PO^3H.$$

Ce dernier est indécomposable par la chaleur.

130. Fonction chimique. — L'acide phosphorique rougit fortement le tournesol. Avec les bases il forme divers phosphates : il est tribasique, les 3 atomes d'hydrogène qu'il renferme étant remplaçables par des métaux.

Un métal monovalent comme le sodium fournit les orthophosphates monosodique PO^4H^2Na, bisodique PO^4HNa^2, trisodique PO^4Na^3 ; un métal bivalent comme le calcium, les orthophosphates monocalcique $(PO^4H^2)^2Ca$, dicalcique $(PO^4H)^2Ca^2$, tricalcique $(PO^4)^2Ca^3$. Ce dernier constitue le phosphate de calcium naturel ; c'est lui également qui entre dans la composition des os.

Les orthophosphates sont inoffensifs et employés en médecine.

Caractères. — On distingue l'acide orthophosphorique des acides méta- et pyrophosphoriques par les caractères suivants :

Sa dissolution ne coagule pas l'albumine et ne précipite ni par le chlorure de baryum ni par l'azotate d'argent. Neutralisée par l'ammoniaque, elle donne un précipité blanc avec le chlorure de baryum, et un précipité jaune avec l'azotate d'argent.

PHOSPHORE

Symbole : P.   Poids atomique : 31.

131. État naturel. — Le phosphore n'existe pas à l'état libre dans la nature, mais il est très répandu à l'état de phosphates, principalement de phosphates de calcium. Il existe aussi dans le corps des êtres vivants et en particulier dans les cellules nerveuses.

132. Extraction du phosphore. — Le phosphore s'extrait chimiquement des os préalablement calcinés ou des phosphates de calcium naturels. Les os calcinés contiennent 10 % de carbonate de calcium, 83 % de phosphate tricalcique, 3 % de phosphate de magnésium et 4 % de fluorure de calcium.

1° *Extraction de l'acide phosphorique.* — On décompose les phosphates naturels, ou les os préalablement calcinés, par l'acide sulfurique. Cette opération se fait dans des cuves en bois doublées de plomb et chauffées par de la vapeur. En employant 3 molécules d'acide sulfurique pour 1 molécule de phosphate tricalcique, on obtient de l'acide phosphorique :

$$(PO^4)^2Ca^3 + 3SO^4H^2 = 2PO^4H^3 + 3SO^4Ca.$$

On enlève le sulfate de calcium, qui est insoluble dans

une dissolution d'acide phosphorique. Le liquide sirupeux restant est mélangé à 25 °/₀ de charbon de bois, puis on calcine le tout au rouge sombre. L'acide phosphorique se transforme en acide métaphosphorique, PO^3H :

$$PO^4H^3 = PO^3H + H^2O.$$

2° *Réduction de l'acide métaphosphorique par le charbon.* — Le mélange provenant de l'opération précédente est enfin distillé dans des cornues en terre (*fig.* 81), communiquant chacune par un tube de cuivre avec un réfrigérant en forme d'auge. Les réfrigérants contiennent de l'eau

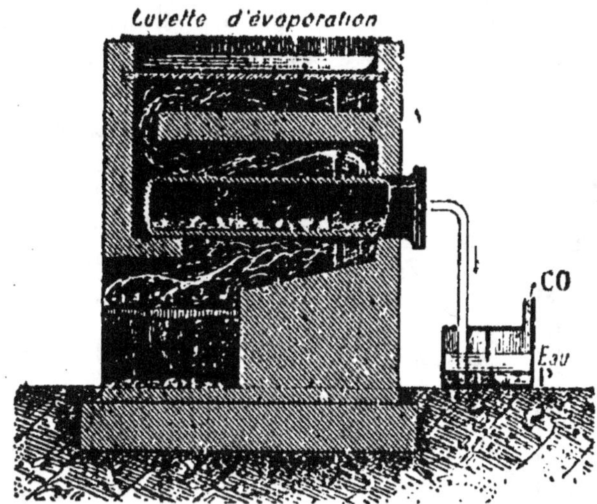

Fig. 81. — Réduction de l'acide métaphosphorique.

qui est chaude pour permettre au phosphore de fondre et de se rassembler à la partie inférieure. Il se dégage de l'oxyde de carbone :

$$2PO^3H + 5C = 2P' + 5CO' + H^2O'.$$

3° *Purification du phosphore.* — Le phosphore brut ainsi obtenu est fondu sous l'eau, à l'aide d'un serpentin de vapeur en plomb, dans un vase garni intérieurement de plomb. On décante ensuite autant d'eau qu'on le peut pour que le phosphore ne s'enflamme pas et on ajoute au phosphore 4 °/₀ de bichromate de potassium. On met enfin un agitateur en mouvement et on ajoute un peu d'acide sulfurique. L'acide chromique formé oxyde les composés oxygénés inférieurs du

phosphore et le phosphore obtenu est pur et presque incolore.

On raffine aussi le phosphore en le distillant dans des
cornues en fer ou encore en le filtrant sous de l'eau chaude au
travers de noir animal et d'une peau de chamois. Le phosphore raffiné est généralement moulé en bâtons prismatiques,
qui sont livrés au commerce dans des vases en fer-blanc
remplis d'eau.

Extraction du phosphore au four électrique. — On obtient
aujourd'hui beaucoup de phosphore en traitant dans un four
électrique un mélange de phosphate de calcium naturel, de
sable et de charbon. Ces substances, réduites en poudre et intimement mélangées, sont introduites dans le four (fig. 82) par une trémie de chargement munie de deux registres et d'une vis d'Archimède.

Les charbons sont fixés dans des douilles métalliques reliées aux pôles d'une machine dynamo-électrique. A la tempé-rature de l'arc, la silice (du sable) déplace l'anhy-dride phosphorique dans le phosphate de calcium : il se forme du silicate

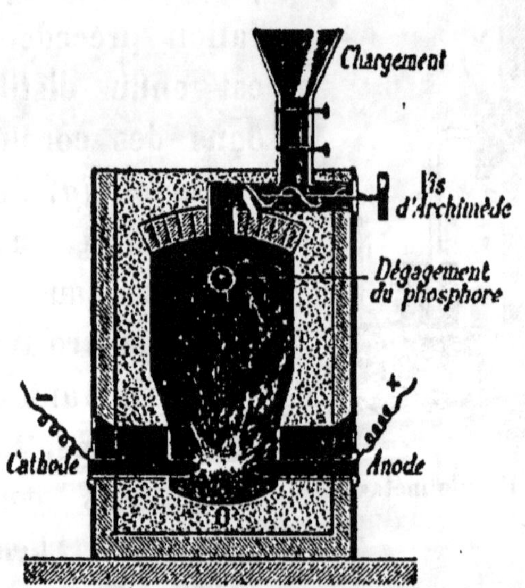

Fig. 82. — Four électrique pour l'extraction
du phosphore.

de calcium fusible et de l'anhydride phosphorique, qui est
réduit par le charbon. Les vapeurs de phosphore sont reçues
d'abord dans un vase contenant de l'eau chaude, puis dans
un second vase contenant de l'eau froide. De temps à autre,
on retire par une ouverture latérale les scories formées et on
introduit par la trémie une nouvelle quantité de mélange. La
fabrication est ainsi continue.

133. Propriétés physiques. — Le phosphore est un
solide blanc-jaunâtre, assez mou pour être rayé par l'ongle ;

il possède une odeur alliacée particulière. On le vend dans le commerce en baguettes prismatiques. Sa masse spécifique est 1 g, 84. Il est insoluble dans l'eau, soluble dans l'éther, la benzine. Son meilleur dissolvant est le sulfure de carbone, qui en dissout 20 fois son poids. Il fond à 44°,2 et présente un exemple remarquable de *surfusion* (V. *Physique*).

Le point d'ébullition du phosphore est 287°. Il cristallise dans le système régulier : on l'obtient en dodécaèdres rhomboïdaux quand on abandonne à l'évaporation lente sa dissolution dans le sulfure de carbone.

Les vapeurs de phosphore ont une densité de 4,35 ; l'atome-gramme a donc un volume de $\dfrac{31}{4,35 \times 1,293}$, soit environ $\dfrac{22\,l,\,4}{4}$. Il y a donc 4 atomes dans une molécule.

134. Propriétés chimiques. — Le phosphore est caractérisé par son affinité pour l'*oxygène*. A la température ordinaire il s'oxyde lentement et émet des vapeurs qui luisent dans l'obscurité (phosphorescence). Vers 60° il prend feu et brûle avec une flamme brillante (*fig.* 83) en produisant d'épaisses fumées blanches d'anhydride phosphorique, P^2O^5 [1]. La facilité avec laquelle s'enflamme le phosphore et les brûlures graves qu'il occasionne en font un corps dangereux à manier quand il est sec : on doit donc le

Fig. 83. — Combustion du phosphore dans l'oxygène.

---

manier sous l'eau. Il peut même s'enflammer spontanément quand il est très divisé ; c'est ainsi qu'un morceau de papier imprégné d'une dissolution de phosphore dans le sulfure de carbone prend feu dès que le sulfure est évaporé.

L'oxydation du phosphore à la température ordinaire est une combustion lente ; si l'air est sec, il se forme de l'anhydride phosphoreux, P^2O^3 ; à l'air humide, divers composés oxygénés du phosphore prennent naissance, en même temps qu'un peu d'ozone. Quant à la phosphorescence qui accompagne cette combustion lente et se manifeste dans l'obscurité, elle exige la présence de l'oxygène ; ainsi elle ne se produit ni dans l'azote, ni dans la chambre barométrique. On ne l'observe cependant pas dans l'oxygène pur à la température ordinaire sous la pression normale, mais elle apparaît de nouveau si l'on raréfie le gaz ou si on le mélange à de l'azote ou à de l'hydrogène. C'est à cause de cette oxydation qu'on conserve le phosphore sous l'eau bouillie dans des flacons en verre jaune.

Un fragment de phosphore bien sec introduit dans un flacon plein de *chlore* s'enflamme spontanément (*fig.* 84), en produisant des chlorures de phosphore, PCl^3 et PCl^5. Le brome et l'iode s'unissent également au phosphore avec dégagement de chaleur et production de lumière. Si on verse des vapeurs d'iode sur du phosphore, celui-ci s'enflamme.

Il se combine, légèrement chauffé, avec le soufre.

Le phosphore forme des phosphures métalliques avec un grand nombre de métaux ; certains d'entre eux

Fig. 84. — Combustion du phosphore dans le chlore.

(phosphure de Cu) ont d'importants usages. Chauffé sur

du platine, il forme avec celui-ci un phosphure très fusible.

Action sur les composés. — Le phosphore réduit la plupart des composés oxygénés. Il décompose l'acide azotique fumant avec explosion (112) ; l'acide azotique ordinaire le transforme en acide phosphorique. Il réduit la plupart des oxydes métalliques et précipite le cuivre, l'argent, l'or, le platine des solutions de leurs sels : si l'on plonge pendant quelques temps un bâton de phosphore dans une dissolution de sulfate de cuivre, il se trouve recouvert de cuivre métallique et le liquide est décoloré.

Le phosphore a la propriété de décomposer l'eau à l'ébullition en présence des alcalis, de la baryte et de la chaux : il y a formation d'un hypophosphite et dégagement d'hydrogène phosphoré, PH^3.

Action sur l'organisme. — Le phosphore est vénéneux. Les ouvriers qui manient habituellement ce corps absorbent ses vapeurs mélangées à l'air, ce qui détermine chez eux des maux de tête et une altération (nécrose) des os de la mâchoire et du nez. Introduit dans l'estomac, il provoque des vomissements accompagnés de douleurs très vives et peut amener la mort après quelques heures si la dose est assez élevée. Son contrepoison est l'essence de térébenthine. Les brûlures qu'il a causées doivent être lavées avec de l'eau contenant en suspension de la magnésie, qui neutralisera l'acide phosphorique formé.

135. Usages. — Le phosphore est utilisé pour préparer des pâtes destinées à détruire les rats ; mais il sert surtout dans la fabrication des *allumettes chimiques*.

Autrefois les allumettes étaient au phosphore ordinaire; mais celui-ci était d'un emploi si malsain que 20 % des ouvriers étaient atteints de nécrose. Aussi, en France, où la fabrication des allumettes est un monopole de l'État, on a complétement remplacé le phosphore par du sesquisulfure de phosphore, P^4S^3, non vénéneux, que l'on prépare en chauffant du phosphore rouge (136) avec du soufre dans une atmosphère de gaz carbonique.

Les allumettes, en peuplier ou en tremble, sont trempées dans du soufre fondu, puis dans une pâte faite avec du sesquisulfure de phosphore, du chlorate de potassium, du verre pilé, des oxydes de fer et de zinc et de la colle forte.

136. Phosphore rouge. — Soumis à l'influence prolongée des rayons solaires ou de la chaleur, le phosphore se transforme en une variété rouge, amorphe, douée de propriétés physiques toutes nouvelles : on dit que c'est une variété *allotropique* du phosphore ordinaire.

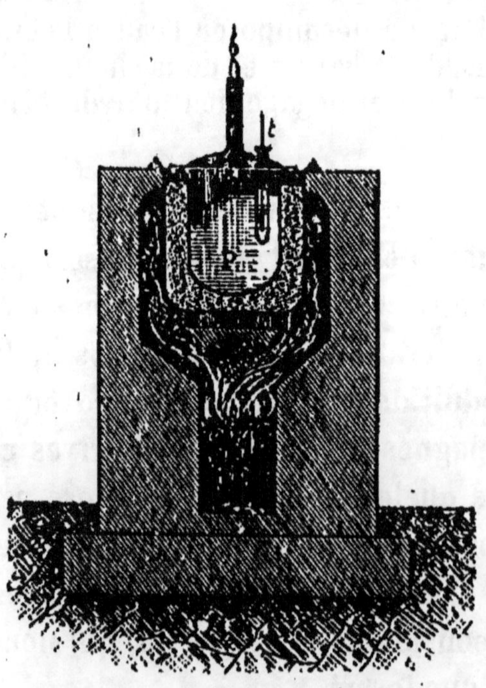

Fig. 85. — Préparation du phosphore rouge.

Au-dessous de 610° l'état stable du phosphore est celui de phosphore rouge, c'est-à-dire qu'il tend à passer à cet état. Au-dessus de 610° l'état stable est celui de phosphore blanc. L'action de la lumière est très lente et superficielle, tandis que celle de la chaleur est plus rapide et presque complète. La transformation du phosphore ordinaire en phosphore rouge est exothermique.

Préparation. — On prépare industriellement le phosphore

rouge en chauffant du phosphore ordinaire en vase clos. Cette opération s'effectue dans une chaudière en fonte chauffée au bain de sable et dont le couvercle est muni d'un tube pour le dégagement des vapeurs (*fig.* 85). On y introduit environ 200 kg de phosphore sous une couche d'eau, et on élève peu à peu la température jusqu'à 240°. Au bout d'une dizaine de jours, on laisse refroidir ; la masse rouge obtenue est soumise à l'ébullition avec une lessive de soude, qui détruit le phosphore ordinaire non transformé en phosphore rouge.

Propriétés. — La plupart des propriétés du phosphore rouge sont toutes différentes de celles du phosphore ordinaire, comme on peut le constater par le tableau suivant :

TABLEAU COMPARATIF DES PROPRIÉTÉS DU PHOSPHORE ORDINAIRE ET DU PHOSPHORE ROUGE.

P *ordinaire.*	P *rouge.*
Couleur ambrée.	couleur rouge brun.
Odeur alliacée.	inodore.
Densité : 1,84.	2,3.
Soluble dans CS^2.	insoluble dans CS^2.
Phosphorescent.	non phosphorescent.
Inflammable à 60°.	ne s'enflamme qu'à 260°.
Vénéneux.	non vénéneux.
Attaqué par les solutions alcalines.	non attaqué.

Usages. — Le phosphore rouge sert à fabriquer les allumettes dites au phosphore rouge ou amorphe, ou encore allumettes de sûreté. L'extrémité de ces allumettes est enduite d'un mélange de chlorate de potassium, de sulfure d'antimoine et de gélatine. Elles ne s'enflamment que sur un frottoir spécial, enduit de phosphore rouge mélangé à de la gélatine et à du sulfure d'antimoine.

RÉSUMÉ DU CHAPITRE XIX

L'*acide phosphorique*, ou plus exactement orthophosphorique, PO^4H^3, se rencontre à l'état de phosphate de calcium ou tricalcique, $(PO^4)^2Ca^3$, soit disséminé dans la terre arable, soit aggloméré en minerai exploité, soit dans les os. C'est un engrais très employé, soit tel quel, soit transformé en hyperphosphates par l'acide sulfurique, qui donne de l'acide phosphorique et un phosphate soluble, $(PO^4H^2)^2Ca$.

On l'obtient en chauffant du phosphore rouge avec de l'acide azotique ou, dans l'industrie, en traitant le phosphate tricalcique par l'acide sulfurique. C'est un triacide.

Le *phosphore* s'extrait soit de l'acide phosphorique, que l'on réduit par le charbon, soit directement du phosphate de calcium, traité avec du charbon dans le four électrique.

C'est un solide jaunâtre, mou, d'odeur alliacée, fondant à 44° et soluble dans le sulfure de carbone.

Le phosphore est caractérisé par son affinité pour l'oxygène. Il s'oxyde lentement à la température ordinaire en émettant des vapeurs qui luisent dans l'obscurité (phosphorescence). A 60°, il s'enflamme et brûle avec une flamme brillante en donnant de l'anhydride phosphorique. On ne doit le manier que sous l'eau. Dans le chlore il s'enflamme spontanément.

Un grand nombre de composés oxygénés sont réduits par le phosphore : acide azotique, oxydes métalliques. Il en est de même des dissolutions de sels de cuivre, d'argent, d'or, de platine.

Le phosphore sert principalement dans la fabrication des allumettes chimiques. Comme il est très vénéneux et que sa vapeur provoque la nécrose des os, on ne l'emploie en France pour cet usage qu'à l'état de sesquisulfure de phosphore.

Sous l'action prolongée de la chaleur, le phosphore se transforme en une variété rouge (*phosphore rouge* ou *amorphe*), insoluble dans le sulfure de carbone et non vénéneuse. Cette variété sert à fabriquer les allumettes au phosphore rouge.

CHAPITRE XX

CARBONE — CHARBONS

CARBONE

Symbole : C.   Poids atomique : 12

137. État naturel. — Le carbone se présente à l'état libre dans un grand nombre de variétés plus ou moins pures que l'on réunit sous le nom de *charbons naturels* : les principales sont le diamant, le graphite et la houille. C'est un des corps constituants du bois ; il entre dans la composition du gaz carbonique, des carbonates et de toutes les substances dites *organiques,* comme le sucre, l'amidon, l'alcool.

138. Propriétés physiques générales. — Les variétés de carbone se présentent sous divers aspects, et la plupart de leurs propriétés physiques diffèrent sensiblement d'une variété à l'autre.

Le carbone, sous toutes ses variétés, est remarquable par sa fixité. Il ne se volatilise que dans l'arc électrique, à la température d'environ 3 500°. Il n'est soluble que dans certains métaux en fusion, comme l'argent, la fonte de fer.

139. Propriétés chimiques. — La propriété chimique la plus importante du carbone est sa tendance à se combiner avec l'*oxygène,* son *affinité* pour ce corps, mesurée par la quantité de chaleur qui se dégage dans la réaction. Au rouge sombre, il brûle dans ce gaz ou dans l'air et se transforme en gaz carbonique, CO_2. Si le carbone est pur, 12 g. de ce corps s'unissent par la combustion à 32 g. d'oxygène pour former 44 g. de gaz carbonique, occupant le même volume que l'oxygène, en dégageant 94 calories-grammes :

$$C + 2O = CO_2.$$

Si la quantité d'oxygène n'atteint pas la proportion ci-dessus, la combustion est incomplète et il y a production d'oxyde de carbone, CO.

Le *soufre* s'unit également au carbone, sous l'action de la chaleur, et donne du sulfure de carbone, CS_2, liquide très inflammable, à odeur fétide, employé comme dissolvant et comme insecticide.

Avec l'*hydrogène* le carbone ne se combine pas directement, mais forme cependant un nombre presque illimité de composés appelés carbures d'hydrogène, dont les principaux sont le méthane, CH^4, l'éthylène, C^2H^4, et l'acétylène, C^2H^2.

Action sur les composés. — A cause de son affinité pour l'oxygène, le carbone est un *réducteur* énergique. Il décompose un grand nombre de composés oxygénés, tels que l'eau,

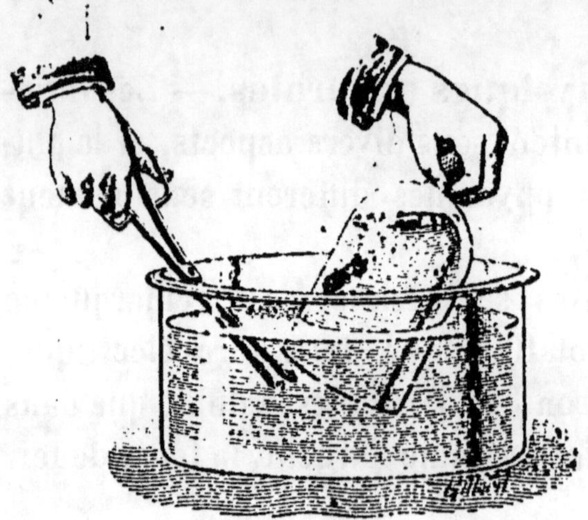

Fig. 86. — Décomposition de l'eau par le carbone.

l'acide sulfurique, l'acide azotique, les oxydes métalliques, etc.

L'*eau* est décomposée au rouge avec production d'hydrogène, oxyde de carbone et gaz carbonique :

$$C + H^2O = CO^2 + 2H^2,$$
$$C + 2H^2O = CO^2 + 4H^2.$$

On obtient un mélange de ces trois gaz en éteignant des charbons incandescents sous une cloche remplie d'eau (*fig.* 86).

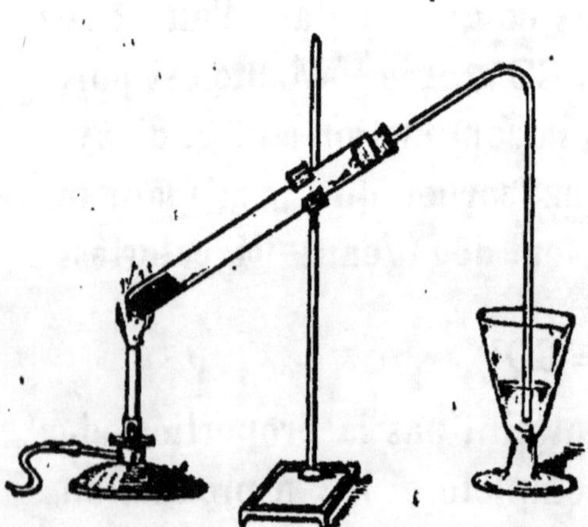

Fig. 87. — Réduction de l'oxyde de cuivre par le carbone.

La préparation du gaz pauvre est basée sur la décomposition de l'eau par le carbone. On utilise encore cette propriété quand on jette un peu d'eau sur un feu de forge pour l'activer par la combustion des gaz ainsi produits.

L'*oxyde de cuivre*, chauffé légèrement avec du charbon de bois pulvérisé (*fig.* 87), laisse un résidu de cuivre ; en même temps, il se dégage du gaz carbonique, qui trouble l'eau de chaux dans laquelle on le fait arriver :

$$2CuO + C = 2Cu + CO^2.$$

Avec l'*oxyde de zinc*, qui n'est décomposé qu'à une température élevée, il se produit de l'oxyde de carbone :

$$ZnO + C = Zn + CO.$$

Cette réduction des oxydes par le carbone a une grande importance dans le traitement des minerais en métallurgie.

CHARBONS NATURELS

140. Diamant. — Le diamant est du carbone presque pur, cristallisé. On ne le rencontre qu'en petite quantité, disséminé dans les sables dits d'alluvion, au Brésil, dans

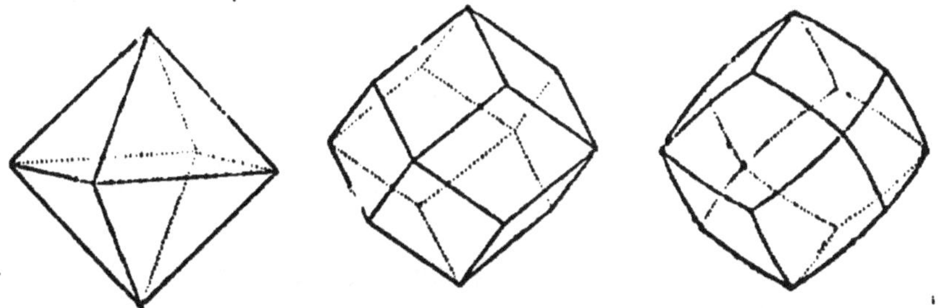

Fig. 88. — Diamants cristallisés.

l'Inde, et surtout dans des roches bleuâtres dans l'Afrique du Sud. Les cristaux de diamant sont quelquefois transparents et incolores ; mais le plus souvent ils sont colorés en jaune, rose, bleu ou noir.

Les formes cristallines du diamant ont presque toujours leurs faces et leurs arêtes arrondies. Celles que l'on rencontre le plus fréquemment sont l'octaèdre et le dodécaèdre rhomboïdal (*fig.* 88).

Propriétés. — Le diamant est très réfringent (son indice de réfraction est 2,4 en moyenne); il présente un éclat particulier et, quand il est convenablement taillé, produit ces jeux de lumière qui le placent au premier rang parmi les pierres précieuses. Sa dureté est supérieure à celle de tous les corps connus, et il ne peut être poli que par sa propre poussière, que l'on appelle *égrisée*. Mais il est brisé par un choc suffisant (la fragilité n'est pas incompatible avec la dureté).

Le poids spécifique du diamant est 3 g, 5. Il est mauvais conducteur de la chaleur et de l'électricité.

Chauffé vers 800°, il brûle au contact de l'air. A l'abri du contact de l'air, vers 3500° il se transforme en graphite.

Usages. — Les diamants les plus limpides sont seuls utilisés en joaillerie. On les polit après leur avoir donné une forme particulière destinée à augmenter leur éclat : c'est l'opération de la taille.

Pour tailler les diamants, on les dégrossit d'abord en utilisant le clivage, c'est-à-dire les directions naturelles de rupture que présentent les cristaux : pour diviser un diamant selon une de ces directions, il suffit de frapper un coup sec sur une lame d'acier placée dans une rainure tracée avec un autre diamant. On façonne ensuite le diamant en le frottant contre un autre pour user les facettes. On finit de lui donner sa forme et on le polit enfin en le maintenant contre une plateforme en acier à rotation rapide recouverte d'égrisée humectée d'huile. Les diamants peu épais se taillent « en rose » (*fig.* 89, 1) : c'est une pyramide à facettes triangulaires et dont la base large et plate est destinée à être enchâssée dans une monture pleine. La taille en « brillant » (*fig.* 89, 2) est plus recherchée : le

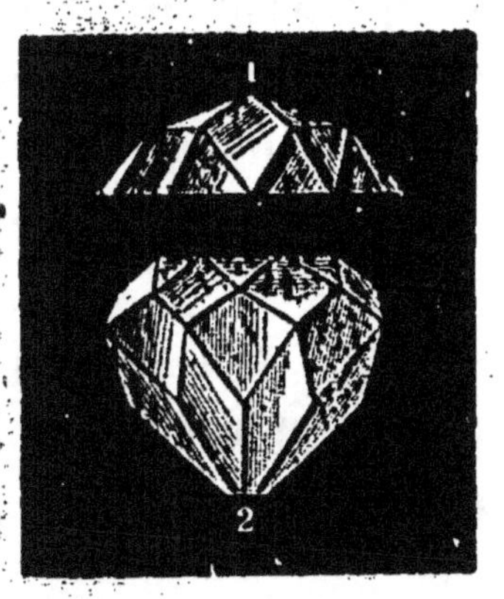

Fig. 89. — Diamants taillés : 1, en rose ; 2, en brillant.

diamant est alors monté à jour et comprend une pyramide et une partie plate entourée de facettes triangulaires et en losange. Le prix des diamants est très variable suivant leurs dimensions, leur taille et leur transparence ; l'unité de poids est le *carat métrique,* qui équivaut 0 g, 2 et dont la valeur peut varier de 30^{fr} à plus de 500^{fr} ; au delà le prix est sensiblement proportionnel au carré du nombre des carats.

Parmi les diamants célèbres, nous citerons le Régent, qui était un des diamants de la couronne de France ; il pèse 140 carats et est estimé environ 8 millions. Le Grand Mogol, appartenant à la Perse, pèse 286 carats et vaut 11 millions.

Les diamants non susceptibles d'être taillés servent, en raison de leur dureté, à fabriquer des pivots pour la bijouterie, des outils pour couper le verre et graver les pierres dures. On en garnit les forets destinés au forage des puits, au percement des tunnels.

Reproduction. — Moissan a reproduit du diamant en mettant du carbone en liberté à haute température et sous forte pression. Le carbone est dissous dans de la fonte fondue dont il se sépare lors du refroidissement. On refroidit brusquement en plongeant dans de l'eau, de façon à solidifier la surface de la fonte avant que la partie centrale soit trop refroidie. Comme la fonte augmente de volume en se solidifiant, le noyau liquide ainsi enfermé éprouve par sa solidification une très grande pression. En dissolvant ensuite la fonte par un acide, on trouve de très petits cristaux de diamant.

141. Graphite. — Le graphite, appelé aussi *plomba-*

gine ou *mine de plomb*, est encore du carbone presque pur. On le trouve dans les terrains primitifs, notamment en Sibérie, en masses opaques d'un gris d'acier, assez tendres pour laisser une trace sur le papier. Son poids spécifique varie entre 2 g, 1 et 2 g, 3. Il est bon conducteur de la chaleur et de l'électricité. Il brûle, au rouge, dans l'oxygène.

Une partie du charbon dissous dans la fonte grise liquide se sépare du métal à l'état de paillettes de graphite lors de la solidification.

Usages. — C'est avec le graphite que l'on fabrique les crayons ordinaires. Avec des matières grasses il donne le *cambouis*, qui sert à faciliter les frottements des machines. On emploie le graphite en poussière délayé dans l'huile pour noircir les objets en tôle et les protéger contre la rouille. On en fait des creusets résistant aux hautes températures des fourneaux de laboratoire et de l'industrie.

142. Anthracite. — L'anthracite ou charbon de pierre ne renferme environ que 10 % de matières étrangères. Il est dur, d'un noir brillant. C'est un bon combustible quand le tirage est suffisant ; 1 kg en brûlant dégage en moyenne 7300 grandes calories. On le trouve dans les terrains antérieurs au terrain carbonifère, en Angleterre, aux États-Unis, et, en France, près d'Angers, à Moutiers (Savoie) et à la Mure (Isère).

143. Houilles. — Les houilles sont des charbons naturels renfermant de 75 à 88 % de carbone ; on les trouve surtout dans le terrain dit *houiller*, dans lequel elles forment ordinairement des lits plus ou moins épais appelés *veines*.

Les houilles se présentent en masses noires brillantes, à structure feuilletée et portant assez souvent des empreintes de feuilles qui démontrent leur origine végétale.

D'après la façon dont elles se comportent pendant la combustion et d'après le *coke* (146) qu'elles produisent, on classe les houilles en trois groupes :

Les houilles *grasses* se ramollissent et boursouflent en brûlant et produisent beaucoup de flamme. Elles sont employées pour les travaux de forge et pour la fabrication du gaz d'éclairage et du coke.

Les houilles *sèches* sont les plus pauvres en carbone. Elles ne s'agglomèrent pas et brûlent avec une longue flamme. On les emploie surtout pour le chauffage des chaudières.

Les houilles *maigres* se rapprochent de l'anthracite. Elles brûlent sans flamme et dégagent moins de chaleur que les houilles grasses; on les emploie pour la cuisson des briques, de la chaux et dans l'industrie céramique.

Enfin le *boghead* et le *cannel-coal*, que l'on rencontre surtout en Écosse, ont une couleur noire-jaune et contiennent des substances bitumineuses. Par la distillation sèche, ils donnent un gaz très éclairant, ce qui fait employer ces charbons mélangés à la houille pour augmenter le pouvoir éclairant du gaz ordinaire.

La combustion de 1 kg de houille donne des quantités de chaleur variables selon la variété : on peut prendre comme moyenne 8000 grandes calories.

144. Lignites. — Les lignites sont plus impurs que la

houille; ils sont bruns ou noirs et brûlent avec une flamme peu chaude accompagnée d'une fumée noire désagréable. Certaines variétés sont brillantes et assez dures pour pouvoir être travaillées au tour; on les emploie, sous le nom de *jais*, *jayet* ou *ambre noir*, pour faire des ornements de deuil.

145. Tourbe. — La tourbe, sans cesse en voie de formation, provient de la décomposition de plantes marécageuses. Séchée et comprimée, elle constitue un assez bon combustible; 1 kg peut dégager en brûlant 4000 grandes calories. En France, on l'extrait en grande partie des marais de la vallée de la Somme.

La tourbe est remarquable par son pouvoir antiseptique et surtout par son pouvoir absorbant. On associe les fibres de tourbe à la laine pour faire des tissus hygiéniques (lainages à la ouate de tourbe). On utilise en particulier la tourbe comme litière pour les chevaux. On réalise ainsi une économie très notable par rapport à l'emploi de la paille. Le fumier de tourbe est livré à l'agriculture.

CHARBONS ARTIFICIELS

146. Coke. — C'est le résidu de la calcination de la houille en vase clos; on l'obtient comme produit accessoire dans la fabrication du gaz d'éclairage. Il renferme en moyenne 87 % de carbone.

Le coke est grisâtre, boursouflé et très léger. Il brûle presque sans flamme et sans répandre d'odeur désagréable; mais il ne s'allume qu'assez difficilement et sa combustion

doit être activée par un courant d'air. La combustion de
1 kg de coke dégage environ 6000 grandes calories.

Le coke provenant de la fabrication du gaz ne peut, en
raison de sa faible densité et de son titre relativement élevé
en cendres, servir aux usages métallurgiques ; aussi est-il
consommé presque exclusivement dans les ménages et les
petits foyers industriels. Pour la métallurgie, on prépare
un coke spécial en carbonisant la houille en grandes masses
afin d'avoir un produit plus dense, plus dur et donnant
moins de cendres (8 % en moyenne).

147. Charbon de cornues. — Ce charbon se dépose sous
forme de croûte dure sur les parois des cornues dans lesquelles
on distille la houille. Il est noir, brillant, sonore, bon conducteur. On l'utilise dans les éléments de piles Bunsen et autres ;
on en fait aussi des creusets infusibles.

148. Charbon de bois. — Le bois sec contient en
moyenne plus du tiers de son poids de carbone, le reste
étant de l'oxygène, de l'hydrogène et des cendres (sels solides). Le charbon de bois est le produit de la combustion
incomplète du bois ou de sa distillation en vase clos ; de là
deux procédés de fabrication :

Procédé des meul ·. — Dans les forêts, après les coupes,
on empile des rondins de bois de la grosseur voulue et on
en forme des *meules* à cheminée centrale (*fig.* 90). Chaque
meule ayant été recouverte de terre, on jette du bois enflammé par la cheminée, et, à l'aide d'ouvertures pratiquées
successivement de haut en bas, on règle la combustion de
manière qu'elle se propage peu à peu dans toute la meule ;
après quoi, on bouche toutes les ouvertures et on laisse
refroidir. Ce procédé a l'avantage d'être expéditif et de pou-

voir s'appliquer sur place ; mais il ne donne que 18 à 20 de charbon pour 100 de bois.

Fig. 90. — Combustion incomplète du bois en meules.

Distillation. — La carbonisation du bois en vase clos donne un rendement plus élevé et permet de recueillir les produits volatils dégagés par le bois : esprit de bois, acide acétique, etc.

Propriétés et usages. — Le charbon de bois est noir, cassant, poreux. Il possède la propriété importante d'absorbe. les gaz, généralement en quantité d'autant plus grande que ceux-ci sont plus solubles dans l'eau.

Ainsi 1 vol. de charbon de bois peut absorber 90 vol. de gaz ammoniac, 85 de gaz chlorhydrique, 65 de gaz sulfureux, 55 de gaz sulfhydrique, 40 de protoxyde d'azote, 35 de gaz carbonique et seulement 7,05 d'azote ou 1,75 d'hydrogène. Si dans une éprouvette remplie de gaz ammoniac et renversée sur le mercure on introduit, après l'avoir éteint sous le mercure, un fragment de charbon de bois incandescent, on voit le niveau du mercure monter rapidement par suite de l'absorption du gaz.

Cette propriété absorbante est parfois mise à profit pour désinfecter les eaux stagnantes (filtres à charbon) et les fosses d'aisances.

Le charbon est la base de poudres dentifrices ; il est employé en médecine et en pharmacie.

Mais c'est surtout comme combustible, dans les cuisines, que le charbon de bois est utilisé. La chaleur de combustion du charbon de bois est d'environ 7 000 grandes calories par kg (tandis que celle du bois ordinaire à 20 % d'eau n'est que de 2800).

149. Noir de fumée. — Le noir de fumée est le dépôt pulvérulent que produit la combustion incomplète des substances riches en carbone, comme les résines, les essences. Si on enflamme, par exemple, de l'essence de térébenthine dans une soucoupe (*fig.* 91), elle brûle avec une flamme fuligineuse et une assiette placée au-dessus de cette flamme se recouvre de noir de fumée.

Fig. 91. — Production de noir de fumée par combustion de l'essence de térébenthine.

Dans l'industrie, on brûle du goudron ou des résines dans une marmite chauffée par un foyer (*fig.* 92) ; le noir de fumée se débarrasse des liquides entraînés dans un condenseur, puis va se déposer dans de grandes chambres dont les parois sont recouvertes de toiles, le noir le plus pur, le plus fin et le plus léger étant celui qu'on recueille le plus loin.

Propriétés et usages. — Le noir de fumée se présente en

poudre noire très légère et grasse au toucher. Il entre dans
la composition des encres d'imprimerie et des imitations

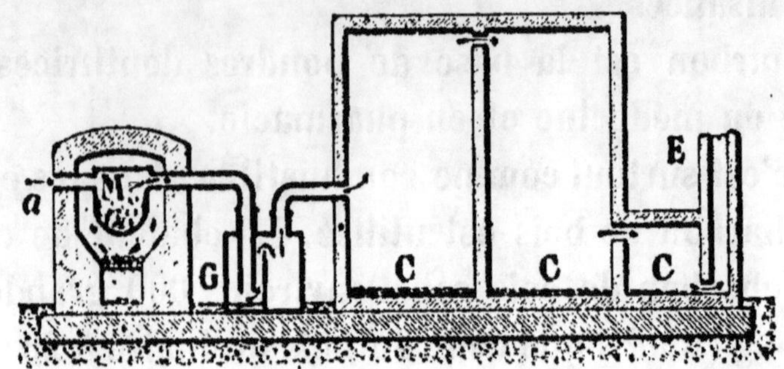

FIG. 92. — Préparation du noir de fumée.

d'encre de Chine. On l'emploie dans la peinture en bâti-
ments. Les crayons noirs des dessinateurs (crayons Conté)
sont fabriqués avec un mélange d'argile et de noir de
fumée.

150. Noir animal. — Ce corps, qui ne contient que
10 à 12 % de carbone, est le résidu de la calcination des
os en vase clos.

Quand on chauffe des os au rouge à l'abri de l'air, la matière organique se détruit en imprégnant la matière minérale d'un résidu de carbone.

Dans l'industrie, on carbonise les os dans des cornues verticales en fonte montées sur une double ligne de chaque côté
d'un foyer (*fig.* 93). Les gaz ammoniacaux qui se dégagent
vont se condenser dans l'eau d'un barillet. Quand le noir est
cuit, on ouvre brusquement le tampon de décharge et on
reçoit d'un seul coup la charge dans un wagonnet en tôle,
qu'on recouvre immédiatement pour étouffer le noir rouge et
l'empêcher de brûler.

Propriétés et usages. — Le noir animal est remarquable
par l'action absorbante qu'il exerce sur les substances dis-

soutes dans l'eau et principalement sur les matières colorantes. C'est ainsi que du vin rouge, de la teinture bleue de tournesol, etc., filtrés à travers du noir animal, deviennent incolores.

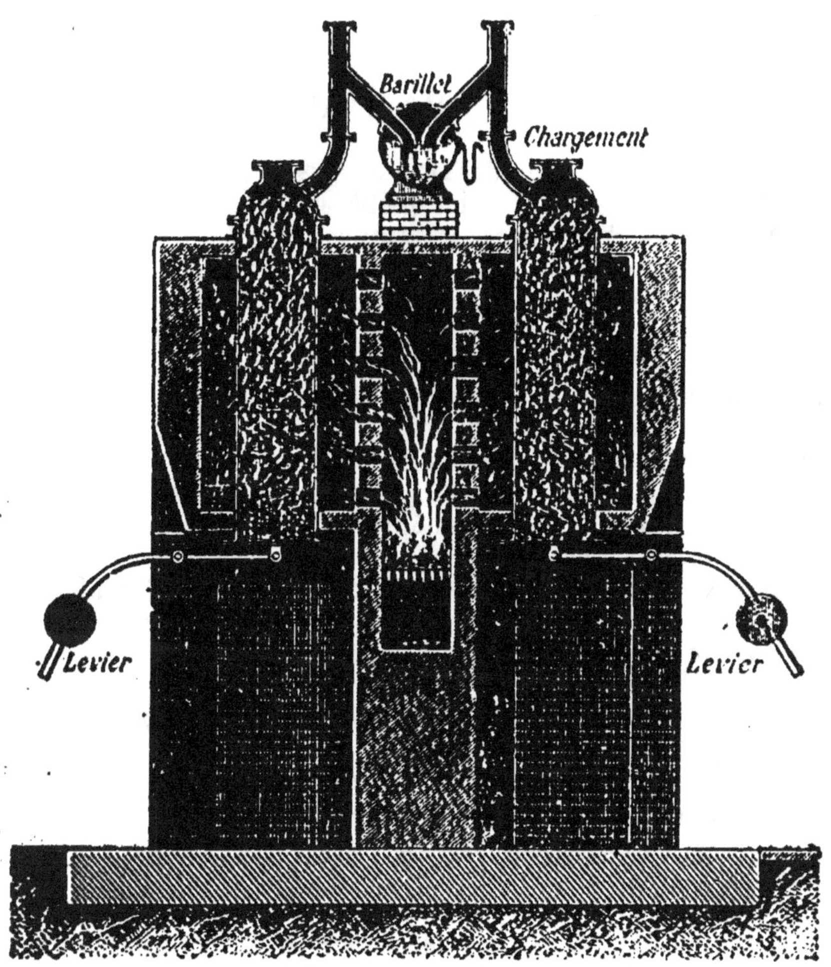

Fig. 93. — Fabrication du noir animal.

Cette action est utilisée pour décolorer les sirops de sucre, les miels, pour blanchir la glycérine, épurer des produits organiques (huiles, vaseline, etc.). Enfin le noir en poudre entre dans la composition des cirages.

151. Agglomérés. — Les charbons agglomérés permettent d'utiliser les poussières et menus morceaux de charbon. Ces poussières sont mélangées à du brai (résidu de la distillation du goudron); le tout est chauffé, puis comprimé dans des moules divers: briquettes, boulets, etc.

RÉSUMÉ DU CHAPITRE XX

Le *carbone* est très répandu dans la nature, soit presque pur (diamant, graphite), soit associé à des matières étrangères (houille). Ces variétés constituent les charbons naturels.

Le carbone est combustible : 12 g. de carbone pur brûlent en s'unissant à 32 g. d'oxygène et forment 44 g. de gaz carbonique. C'est un réducteur énergique ; il décompose l'eau au rouge et réduit la plupart des oxydes métalliques en mettant le métal en liberté.

Principaux charbons naturels. — Le diamant est du carbone presque pur, cristallisé : il est très dur et mauvais conducteur de la chaleur et de l'électricité. On le taille avec sa propre poussière.

Le graphite ou plombagine est d'un gris d'acier, tendre, bon conducteur de la chaleur et de l'électricité. Il sert à fabriquer les crayons, à noircir les objets en tôle, etc.

Les houilles sont des charbons naturels renfermant de 75 à 88 % de carbone. Elles sont noires, luisantes, fragiles. On les trouve abondamment dans le terrain houiller.

Principaux charbons artificiels. — Le charbon de bois s'obtient par la combustion incomplète du bois ou par sa distillation en vase clos. Il est fragile, poreux. Il a la propriété de condenser les gaz dans ses pores ; aussi est-il employé comme désinfectant.

Le noir de fumée provient de la combustion incomplète des résines. Il est noir, pulvérulent. On l'emploie surtout pour fabriquer les encres d'imprimerie.

Le noir animal est le résidu de la calcination des os en vase clos ; il ne renferme que 10 % de carbone. Il absorbe facilement les matières colorantes, ce qui le fait employer comme décolorant.

CHAPITRE XXI

ANHYDRIDE CARBONIQUE

Formule : CO^2.   Poids moléculaire : 44.

152. État naturel. — L'anhydride carbonique, appe'é aussi *gaz carbonique*, est très répandu dans la nature. Ses sources principales sont : la combustion des substances renfermant du carbone (139), la respiration des animaux et des végétaux, la fermentation alcoolique et la calcination des calcaires. Il s'en dégage du sol près des volcans, dans les grottes naturelles, comme la grotte du Chien, près de Naples. Enfin le gaz carbonique forme de nombreux carbonates naturels comme la craie ou carbonate de calcium, CO^3Ca.

153. Préparation. — **Préparation industrielle.** — Le gaz carbonique résulte de la combustion à l'air du charbon, mais il est en ce cas mélangé d'azote.

Pour l'avoir pur, on traite la craie, CO^3Ca, par l'acide sulfurique dans de grands appareils en plomb :

$$CO^3Ca + SO^4H^2 = SO^4Ca + H^2O + CO^{2-\gamma}.$$

Le sulfate de calcium étant insoluble dans l'eau, il est nécessaire d'employer un agitateur pour empêcher ce sel d'encroûter la craie, ce qui arrêterait la réaction.

Dans les industries qui exigent à la fois du gaz carbonique et de la chaux, comme l'industrie du sucre, on calcine les calcaires naturels ; il se dégage du gaz carbonique et le résidu est de la chaux vive :

$$CO^3Ca = CaO + CO^{2-\gamma}.$$

Enfin, la fermentation alcoolique fournit à l'industrie une grande quantité de gaz carbonique.

Préparation dans les laboratoires. — On prépare le gaz carbonique en décomposant le carbonate de calcium (craie ou marbre) par l'acide chlorhydrique :

$$CO_3Ca + 2HCl = CaCl_2 + H_2O + CO_2.$$

L'opération se fait dans un appareil à hydrogène (*fig.* 94) ; on y introduit de l'eau et des fragments de marbre blanc, par exemple, puis on verse peu à peu de l'acide par le tube à entonnoir. Dès que l'acide chlorhydrique arrive au contact du carbonate, il se produit une vive effervescence ; le chlorure de calcium formé reste en dissolution dans l'eau du flacon ; le gaz carbonique est recueilli sur l'eau.

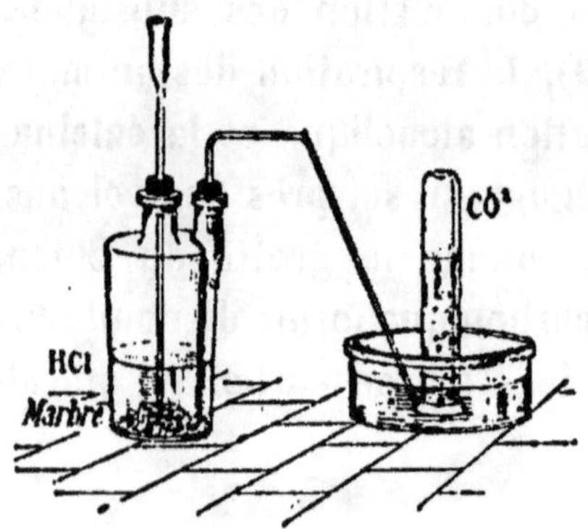

Fig. 94. — Préparation du gaz carbonique.

154. Propriétés physiques. — L'anhydride carbonique a une odeur légèrement piquante et une saveur aigrelette. Sa densité est 1,529 (1 l. pèse 1 g, 97). Pour mettre en évidence cette grande densité, on verse, à la manière d'un liquide, le gaz carbonique contenu dans une éprouvette sur une bougie allumée (*fig.* 95) ; la bougie s'éteint immédiatement, car ce gaz n'entretient pas la combustion.

Le gaz carbonique se dissout dans un volume d'eau à peu près égal au sien à 15°. Cette solubilité étant proportionnelle à la pression, l'eau de Seltz, par exemple, qui est une dissolution de gaz carbonique faite sous pression de 5 à 6 kg, peut dégager de 5 à 6 fois son volume de ce gaz.

Liquéfaction. — L'anhydride carbonique est facilement liquéfiable ; on l'obtient en effet à l'état liquide à 0° sous une pression de 36 kg. Sa température critique est +31° ; il bout à — 78°.

On prépare l'anhydride liquide en comprimant le gaz dans des réservoirs refroidis par de la glace. Il est vendu dans des cylindres en acier contenant 8 kg d'anhydride liquide, représentant 3500 litres de gaz carbonique mesurés sous la pression ordinaire. C'est un liquide très mobile ; en s'évaporant à l'air, il produit un abaissement de température suffisant pour qu'une partie du liquide se solidifie sous forme de flocons neigeux, lesquels peuvent être recueillis dans des boîtes mauvaises conductrices. Cette neige ne mouille pas les corps ; mais, mélangée à de

Fig. 95. — Extinction d'une bougie par le gaz carbonique.

l'éther et soumise à une évaporation rapide dans le vide, elle abaisse la température à — 110° ; aussi est-elle utilisée pour produire de très grands froids. Quant à l'anhydride liquide, on l'emploie pour exercer des pressions, principalement la pression nécessaire au débit de la bière. On le vend aussi dans de petites capsules d'acier (sparklets) pour « champagniser » instantanément n'importe quelle boisson.

155. Propriétés chimiques. — Le gaz carbonique est incombustible et n'entretient pas la combustion : une bougie allumée s'éteint quand on la plonge dans une éprouvette pleine de ce gaz.

Le gaz carbonique est réduit au rouge par un certain nombre de corps avides d'oxygène ; les uns, comme l'hydrogène, le carbone, le ramènent à l'état d'oxyde de carbone ; les autres, comme le potassium, exercent une action réductrice plus profonde et mettent du carbone en liberté :

Un fragment de *potassium* allumé continue à brûler dans le gaz carbonique ; il se forme du carbonate de potassium et il y a dépôt de charbon :

$$3CO^2 + 4K = 2CO^3K^2 + C.$$

On peut encore faire l'expérience en chauffant légèrement un fragment de potassium dans un courant de gaz carbonique sec (*fig.* 96) : le potassium s'enflamme et brûle avec une flamme rougeâtre très vive en produisant un dépôt de charbon entouré d'une couronne blanche de carbonate de potassium.

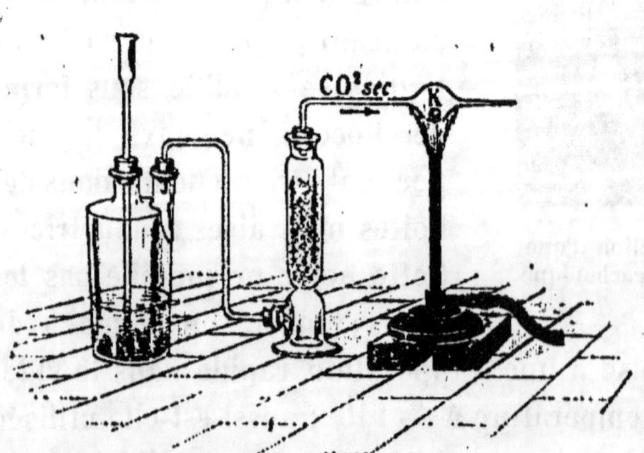

Fig. 96. — Réduction du gaz carbonique
par le potassium.

Le gaz carbonique se combine avec les bases en donnant des carbonates. Aussi emploie-t-on, pour absorber ce gaz ou pour en déterminer le poids, des tubes contenant de la potasse ou des flacons laveurs avec une solution de potasse.

Action sur l'organisme. — Le gaz carbonique est irrespirable. Dans une atmosphère qui en contient environ 30 %, le sang veineux ne peut plus dégager le gaz carbonique qu'il contient : de là, mort par asphyxie. L'asphyxie est très rapide quand ce gaz se dégage brusquement en grande quantité ; on connait les accidents nombreux qui ont déjà été occasionnés par les fours à chaux, les cuves de fermentation, etc. ; aussi est-il prudent, avant de pénétrer dans un endroit où le gaz carbonique a pu s'accumuler, de s'assurer qu'une bougie allumée y brûle normalement.

Au contact de la peau, le gaz carbonique détermine une sensation de chaleur ; on l'administre quelquefois en douches gazeuses comme stimulant. Absorbé en dissolution dans les boissons (eau de Seltz, Champagne), il rafraîchit, désaltère et active les sécrétions de l'estomac.

156. Fonction chlorophyllienne. — Un des rôles les plus importants du gaz carbonique est de servir d'aliment aux plantes. Celles-ci doivent leur couleur verte à un corps, la *chlorophylle*, qui, sous l'influence de la lumière, décompose le gaz carbonique de l'air, en fixant le carbone, qui est assimilé par la plante, tandis que l'oxygène est rejeté. On constate facilement ce phénomène en plaçant dans de l'eau contenant du gaz carbonique (eau de Seltz diluée), sous un entonnoir renversé coiffé d'une éprouvette, une plante verte ou des feuilles vertes assez jeunes. Quand on place le tout à la lumière, et seulement alors, on voit des bulles de gaz se former sur les feuilles, puis monter dans l'éprouvette (*fig.* 97). On constate facilement que ce gaz est de l'oxygène et que la quantité de gaz carbonique dissous a diminué.

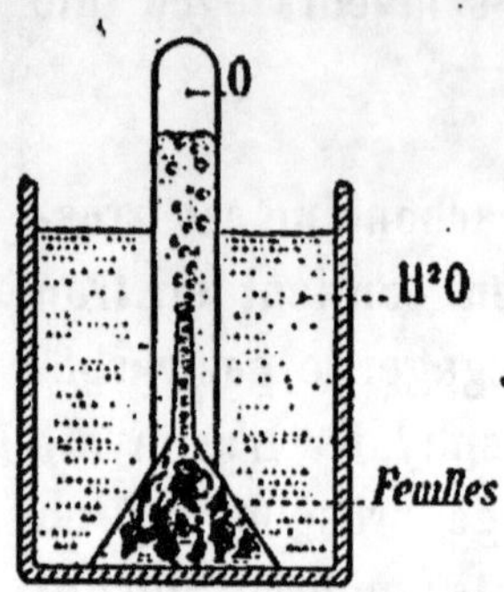

Fig. 97. — A la lumière, les feuilles vertes décomposent le gaz carbonique dissous dans l'eau et dégagent de l'oxygène.

157. Acide carbonique. — L'acide carbonique, CO^3H^2, correspondant à l'anhydride carbonique, est inconnu, mais on admet qu'il existe dans la dissolution aqueuse de ce dernier. Quelques gouttes de tournesol bleu introduites dans du gaz carbonique se colorent en effet en rouge vineux.

Si on remplace le tournesol par de l'eau de chaux, elle absorbe le gaz, se trouble, et il se forme un précipité blanc de carbonate de calcium, CO^3Ca. La potasse absorbe aussi très facilement le gaz carbonique.

L'acide carbonique serait bibasique ; on connaît en effet deux carbonates de sodium : le carbonate acide ou bicarbonate, CO^3HNa, et le carbonate neutre, CO^3Na^2.

158. Caractères. — L'anhydride carbonique se distingue des autres gaz par les caractères suivants :

1° Il n'est pas combustible et n'entretient pas la combustion.

2° Il trouble l'eau de chaux et l'eau de baryte.

3° Il est absorbé par la potasse caustique.

159. Composition. — Si on enflamme du carbone, par exemple à l'aide d'un fil rougi par un courant électrique, dans un ballon contenant de l'oxygène pur, on constate après refroidissement que le volume n'a pas varié. Le gaz carbonique formé a donc même volume que l'oxygène qu'il contient, c'est-à-dire qu'une molécule de gaz carbonique (2 vol.) contient 2 atomes d'oxygène (2 vol.). Le poids du litre de gaz carbonique étant 1g,97 et celui du litre d'oxygène 1,43, une molécule, ou 22 l, 4, contient 22,4(1,97 — 1,43) = 12 g. de carbone, c'est-à-dire 1 atome, et la formule du gaz carbonique est CO^2.

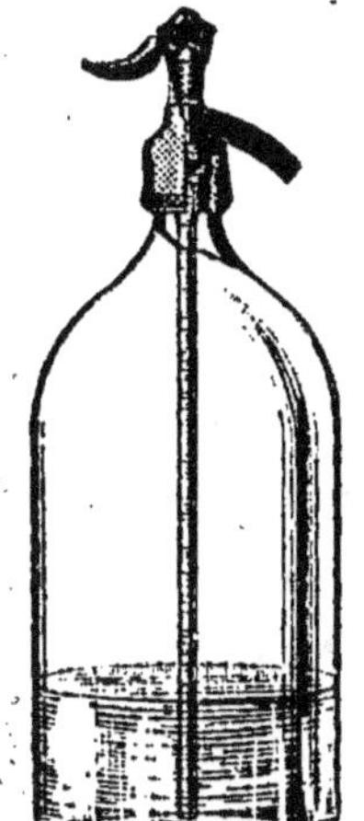

Fig. 98. — Siphon d'eau de Seltz.

160. Usages. — Il sert à fabriquer la céruse. On en emploie de grandes quantités dans l'industrie du sucre et de la soude, dans la fabrication des limonades et des eaux gazeuses artificielles comme l'eau de Seltz. Celle-ci est livrée à la consommation dans des siphons, d'où elle s'échappe par la pression du gaz quand on appuie sur un levier extérieur abaissant une soupape (*fig*. 98).

Le froid produit par l'évaporation du gaz carbonique liquide est utilisé dans des machines frigorifiques analogues à celles qui emploient le gaz sulfureux ou l'ammoniac, où il est successivement évaporé et reliquéfié.

RÉSUMÉ DU CHAPITRE XXI

L'anhydride carbonique naturel provient de la combustion des substances carbonées, de la respiration, etc. Industriellement, on le prépare en décomposant le carbonate de calcium par la chaleur ou par l'acide sulfurique. Il s'en produit, mélangé d'azote, par combustion du charbon à l'air. Dans les laboratoires, on l'obtient en décomposant le carbonate de calcium (craie ou marbre) par l'acide chlorhydrique.

C'est un gaz 1 fois 1/2 plus dense que l'air. Il se liquéfie assez facilement et bout à — 78°. L'eau en dissout environ son volume. Il n'entretient ni la respiration ni la combustion. Le carbone, le potassium le réduisent au rouge.

Le gaz carbonique s'emploie en grand dans les industries du sucre et des soudes. Sa dissolution sous pression constitue l'eau de Seltz. On utilise le froid produit par son évaporation à l'état liquide dans des machines frigorifiques.

CHAPITRE XXII

OXYDE DE CARBONE

Formule : CO.   Poids moléculaire : 28.

161. Formation. — L'oxyde de carbone se produit quand du carbone brûle en présence d'une quantité d'air insuffisante, ou quand du gaz carbonique se trouve en présence de charbon incandescent, ou encore quand des oxydes difficilement réductibles sont réduits par du carbone. Il entre dans la composition du gaz d'éclairage, qui en contient environ 8 % en volume.

Les fours à coke, les hauts fourneaux et en général tous les fours dans lesquels on traite du minerai par le charbon, rejettent de grandes quantités d'oxyde de carbone. Ce gaz se dégage également des foyers dont la cheminée a un tirage insuffisant ; c'est lui qui produit ces flammes bleues que l'on voit quelquefois à la surface du charbon allumé.

162. Préparation. — **Préparation industrielle.** — L'oxyde de carbone est, comme on l'a vu (161), un des sous-produits des hauts fourneaux et fours à coke. On le prépare économiquement dans de grands fourneaux appelés gazogènes, dans lesquels on fait passer de l'air à travers une grille chargée de charbon ou de coke (*fig.* 99). Le mélange d'oxyde de carbone et d'azote obtenu s'appelle *gaz pauvre*. On l'obtient aussi, mélangé d'hydrogène (ce mélange s'appelle *gaz à l'eau*), en envoyant sur du charbon enflammé alternativement de l'air et de la vapeur d'eau ; la vapeur d'eau est décomposée :

$$C + H^2O = CO + H^2.$$

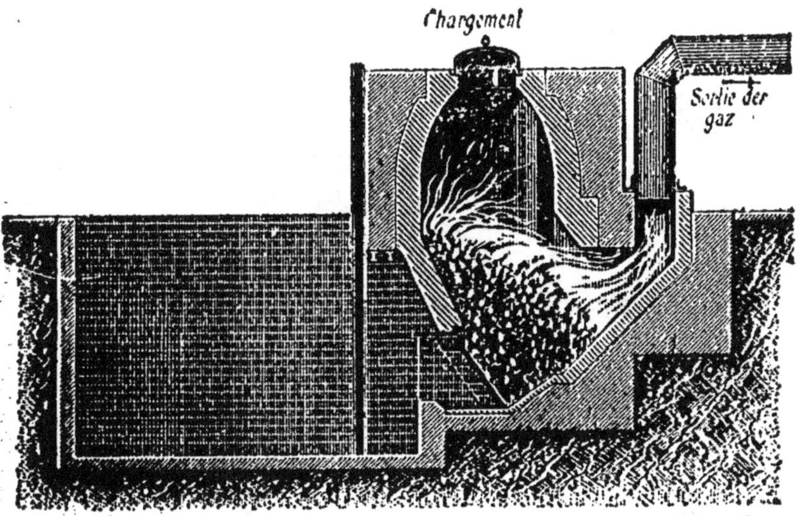

Fig. 99. — Gazogène pour la production d'oxyde de carbone.

Cette réaction refroidit le charbon : c'est pourquoi on envoie de l'air, qui, en brûlant du charbon complètement, élève la température de la masse ; le gaz carbonique produit alors est expulsé.

Préparation du gaz pur. — On prépare l'oxyde de carbone en décomposant l'acide oxalique, $C^2O^4H^2$, par l'acide sulfurique concentré.

L'acide oxalique se dédouble en oxyde de carbone, gaz carbonique et eau ; celle-ci est retenue par l'acide sulfurique, et il se dégage un mélange d'oxyde de carbone et de gaz carbonique :

$$C^2O^4H^2 = H^2O + CO^{2 \nearrow} + CO^{\nearrow}.$$

On introduit dans un ballon des quantités égales d'acide oxalique et d'acide sulfurique concentré, puis on chauffe modérément. Les gaz se dégagent très régulièrement ; ils traversent un flacon contenant

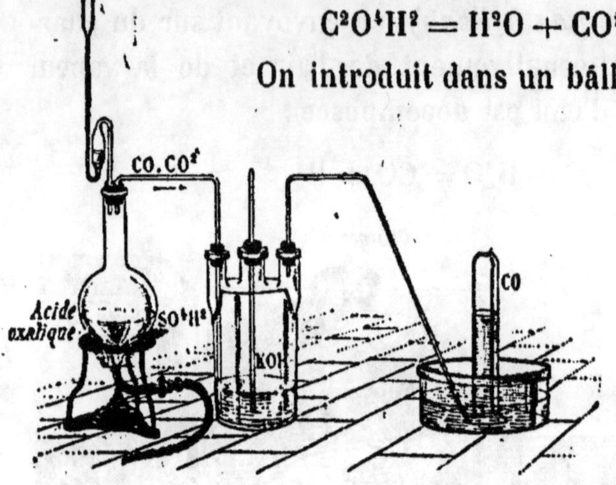

Fig. 100. — Préparation de l'oxyde de carbone.

une dissolution de potasse qui retient le gaz carbonique ; l'oxyde de carbone est recueilli sur la cuve à eau (*fig.* 100).

163. Propriétés physiques. — L'oxyde de carbone est un gaz incolore, inodore, très peu soluble dans l'eau. Sa densité est 0,96 (1 l. pèse 1 g, 26). Sa température critique est — 141° ; il bout à — 88°.

164. Propriétés chimiques. — L'oxyde de carbone est *combustible* : il brûle avec une flamme bleue en produisant du gaz carbonique et en dégageant beaucoup de chaleur :

$$CO + O = CO^2.$$

Sa propriété chimique la plus importante est de *réduire* la plupart des composés oxygénés en passant à l'état de gaz carbonique. Il réduit notamment les oxydes métalliques ; aussi joue-t-il un rôle important dans le traitement des minerais par le carbone. C'est par ce gaz que sont réduits les oxydes de fer dans les hauts fourneaux.

Si on introduit du papier filtre imprégné d'une dissolution de chlorure d'or dans un flacon contenant de l'oxyde de carbone, le papier devient violet par suite de la réduction du chlorure.

Action sur l'organisme. — L'oxyde de carbone est un gaz très délétère. Une très petite quantité dans l'air suffit pour provoquer des maux de tête. C'est ce gaz qui produit les asphyxies par le charbon. L'empoisonnement est dû à ce que l'oxyde de carbone forme avec les globules du sang une combinaison assez stable, de telle sorte que ces globules sont désormais impropres à fixer l'oxygène. On combat un commencement d'asphyxie par l'oxyde de carbone en exposant le malade au grand air et en lui faisant respirer de l'oxygène pur.

165. Caractères. — On reconnaît surtout ce gaz à ce qu'il brûle avec une flamme bleue en donnant du gaz carbonique, qui trouble l'eau de chaux. Il est absorbé par une dissolution de chlorure cuivreux dans l'ammoniaque.

166. Usages. — Outre l'action réductrice qu'il exerce sur les minerais, l'oxyde de carbone est employé comme combustible dans les fours à chaux, les verreries, les hauts fourneaux. On l'utilise aussi dans des moteurs à explosion et à combustion interne.

RÉSUMÉ DU CHAPITRE XXII

L'oxyde de carbone se produit surtout dans la réduction du gaz carbonique par le charbon au rouge dans les hauts fourneaux, fours, gazogènes. On le prépare pur en chauffant l'acide oxalique avec l'acide sulfurique ; le mélange d'oxyde de carbone et de gaz carbonique qui se dégage traverse un flacon à potasse qui retient ce dernier gaz.

L'oxyde de carbone est peu soluble. Il brûle avec une flamme bleue en donnant du gaz carbonique. Il est très toxique. C'est un réducteur. Il est utilisé comme combustible dans l'industrie et pour alimenter des moteurs à explosion.

CHAPITRE XXIII

SILICE

Formule : SiO^2.   Poids moléculaire : 60.

167. État naturel. — La silice ou anhydride silicique est un des corps les plus répandus dans la nature. Insoluble dans l'eau pure, elle existe en dissolution dans les eaux naturelles et en proportions relativement importantes dans certaines sources jaillissantes, comme les *geysers* d'Islande, grâce à la présence de gaz carbonique. Un grand nombre de plantes, comme les graminées, les prèles, etc., lui doivent leur rigidité. Elle forme les coquilles de certains mollusques et d'un grand nombre d'animaux inférieurs.

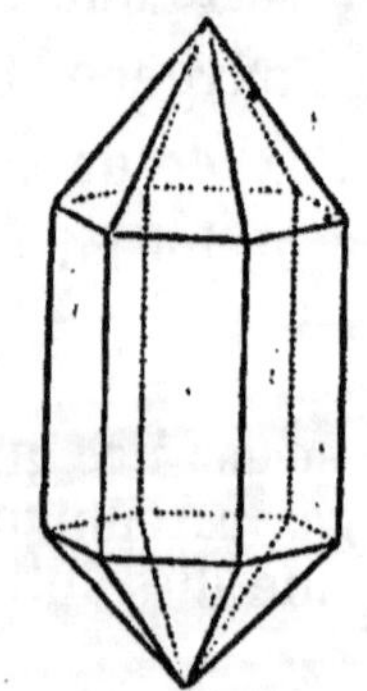

Fig. 101. — Cristal de roche.

A l'état cristallin, la silice constitue les différentes variétés de *quartz* : quartz hyalin ou cristal de roche (*fig.* 101), améthyste ou quartz violet, quartz rose ou rubis de Bohème, quartz enfumé, topaze (jaune).

L'*agate*, le *jaspe*, la *cornaline*, si employés dans l'ornementation, sont de la silice amorphe, diversement colorée par des matières étrangères. Le *grès*, le *silex*, le *sable*, le *tripoli*, la *pierre meulière* sont de la silice associée à de l'alumine, à de l'oxyde de fer, etc.

La silice est encore plus répandue à l'état de silicates (composés de silice, d'oxygène et d'un métal). Une foule de roches et de minéraux sont constitués par des silicates ; tels sont l'*amiante*, les *micas*, la *pierre ponce*, les *feldspaths*, le *talc*, etc.

168. Préparation. — On prépare la silice pure en décomposant le silicate de sodium, SiO^3Na^2, par l'acide chlorhydrique. Dans un verre à pied contenant de la *liqueur des cailloux* du commerce (solution aqueuse de silicate de sodium), on verse peu à peu de l'acide chlorhydrique concentré et on agite ; il se forme une gelée blanche de silice hydratée, tellement épaisse que l'agitateur s'y maintient verticalement (*fig.* 102). On la lave à plusieurs reprises, puis on la dessèche

Fig. 102. — Formation de silice gélatineuse.

et on la calcine ; le résidu est une poudre blanche, constituée par de la silice pure.

169. Propriétés physiques. — La silice est inodore et insipide. Cristallisée, elle est très dure et raye le verre. Sa densité à l'état anhydre est environ 2,6. Anhydre, elle est insoluble dans l'eau ; mais la silice hydratée (silice gélatineuse) se dissout en petite quantité dans l'eau légèrement acide.

La silice ne peut être fondue que par un violent feu de forge, par le chalumeau à oxygène et hydrogène ou par le four électrique (qui peut même la volatiliser) : on obtient alors un verre translucide ou transparent, pouvant être étiré en fils et façonné en tubes, ballons, capsules, etc., qui ont l'avantage de résister à de hautes températures et de ne pas se briser par un refroidissement brusque, par suite du faible coefficient de dilatation de la silice (1/10 de celui du verre) ; ils sont de plus transparents aux rayons ultraviolets, qu'arrête le verre ordinaire.

170. Propriétés chimiques. — La silice est inattaquable à tous les acides, sauf l'acide fluorhydrique. Ce dernier la transforme en *fluorure de silicium*, SiF^4, gaz incolore et fumant à l'air :

$$SiO^2 + 4HF = 2H^2O + SiF^4.$$

La silice gélatineuse est soluble dans les dissolutions d'alcalis. Il se forme des silicates. On a par exemple :

$$SiO^2 + 2NaOH = SiO^3Na^2 + H^2O.$$

D'après la définition des acides et des sels, le silicate formé correspond à un acide SiO^3H^2 dont la silice, SiO^2, est l'anhydride, de même que CO^2 forme le carbonate CO^3Na^2.

La silice, même à l'état cristallisé, chauffée avec les bases, forme des silicates. Il en est de même avec les carbonates. Ainsi, si on fond un mélange de silice et de carbonate de sodium, il y a dégagement de gaz carbonique et production de silicate de sodium, corps vitreux soluble dans l'eau, avec laquelle il donne la liqueur des cailloux, qui peut servir à coller.

La silice et les silicates alcalins forment avec les autres oxydes métalliques des silicates fusibles. Ainsi, pour *décaper* (c'est-à-dire nettoyer) du fer que l'on veut souder, on le saupoudre, qnand il est rouge, avec du sable, qui donne avec l'oxyde de fer un silicate de fer très fusible.

La silice est réduite par le carbone au four électrique :

$$SiO^2 + 3C = SiC + 3CO^{\nearrow}.$$

Le siliciure de carbone produit, SiC, est appelé industriellement *carborundum* ; il est très dur et reçoit les mêmes utilisations que l'émeri pour le polissage et l'affûtage des outils.

La silice est réduite au rouge par le magnésium : le silicium est mis en liberté et il se forme de la magnésie :

$$SiO^2 + 2Mg = Si + 2MgO.$$

171. Usages. — Les différentes variétés de quartz, l'agate, l'opale, etc., sont employées en bijouterie et pour l'ornementation. Le sable entre dans la composition du cristal, des verres, des poteries, des mortiers. Le tripoli, poudre siliceuse rougeâtre, est utilisé pour les nettoyages. Enfin le grès sert à paver, et la pierre meulière à faire des meules à broyer.

La silice fondue sert à fabriquer des ustensiles de laboratoire insensibles aux variations brusques de température. On en fait également des lampes électriques à vapeur de mercure produisant surtout des rayons ultraviolets, qu'arrêterait le verre ordinaire, et que l'on utilise pour stériliser l'eau, etc.

172. Silicates. — Il existe plusieurs sortes de silicates. D'une façon générale, ils sont formés par des acides obtenus en combinant de l'eau à une ou plusieurs molécules de silice.

Les silicates forment une grande partie de l'écorce terrestre, où ils existent presque toujours en mélanges complexes. L'argile est un silicate d'aluminium ; le feldspath, un des constituants du granit, est un silicate double d'aluminium et de potassium, c'est-à-dire une combinaison de ces deux sels ; l'écume de mer et le talc sont des silicates de magnésium ; etc.

Le verre est un silicate double d'un métal alcalin (potassium ou sodium) et de calcium ; dans le cristal, le calcium est remplacé par le plomb.

Les silicates alcalins rendent incombustibles les bois, étoffes, etc., qui en sont imprégnés, c'est-à-dire que ces corps ne peuvent plus brûler avec flamme, mais seulement se carboniser.

Les silicates sont insolubles, sauf ceux de métaux alcalins. Les silicates insolubles fondus avec du carbonate de sodium donnent du silicate de sodium. Les silicates sont comme la silice attaqués par l'acide fluorhydrique ; sur cette propriété est basée la gravure sur verre.

173. Gravure sur verre. — Sur une plaque de verre bien propre, on étend une mince couche de vernis ou de paraffine et, à l'aide d'une pointe fine, on trace sur cette couche sèche le dessin que l'on veut graver, en ayant soin de mettre le verre à nu. On entoure la plaque d'un bourrelet de paraffine, puis, dans l'espèce de cuvette ainsi formée, on verse de l'acide fluorhydrique. Après un temps d'attaque suffisant, on chauffe la plaque pour enlever la paraffine, puis on lave à grande eau et on sèche.

La gravure ainsi obtenue est transparente. Pour avoir une gravure mate, au lieu d'employer de l'acide fluorhydrique liquide, on expose le verre aux vapeurs d'acide fluorhydrique se dégageant d'un mélange de fluorure de calcium et d'acide sulfurique légèrement chauffé dans une cuvette de plomb.

C'est par ces procédés que l'on grave les tiges de thermomètres, les vases gradués, les objets de gobeletterie, les glaces des cafés, etc.

RÉSUMÉ DU CHAPITRE XXIII

La *silice*, SiO^2, est le composé oxygéné du silicium. Elle est très répandue, soit cristallisée (quartz), soit amorphe (agate). Mélangée à de l'oxyde de fer, à de l'alumine, elle constitue les grès, le sable, le silex, etc.

On la prépare dans les laboratoires en décomposant le silicate de sodium par l'acide chlorhydrique concentré.

La silice est très dure. Insoluble dans l'eau à l'état anhydre, elle s'y dissout en petite quantité quand elle est hydratée. Elle ne fond qu'au chalumeau à oxygène et hydrogène et au four électrique. Parmi les acides, l'acide fluorhydrique seul attaque la silice ; il donne du fluorure de silicium et de l'eau. C'est le principe de la gravure sur verre.

Outre son emploi comme pierre précieuse, la silice est beaucoup employée à l'état de sable (verres, mortiers, poteries), de grès (pavage), de pierre meulière (meule à broyer).

La silice forme divers acides siliciques auxquels sont dus les silicates, sels très communs. Le verre est un silicate double de potassium ou sodium et de calcium. Dans le cristal il y a du plomb au lieu de calcium.

TABLE DES MATIÈRES

MÉTALLOÏDES

CHAPITRE I
EAU

État naturel.	1	Propriétés physiques.	9
Eau pure.	2	Propriétés chimiques.	10
Analyse de l'eau par le volta-		Propriétés dissolvantes de l'eau.	12
mètre.	3	*Eau oxygénée.*	11
Synthèse de l'eau par l'eudio-		Résumé.	11
mètre.	5		

CHAPITRE II
HYDROGÈNE

État naturel.	15	Propriétés chimiques.	20
Préparation.	16	Usages.	21
Propriétés physiques.	18	Résumé.	21

CHAPITRE III
OXYGÈNE

État naturel.	25	Caractères.	31
Préparation.	25	Usages.	31
Propriétés physiques.	27	*Ozone.*	32
Propriétés chimiques.	28	Résumé.	33

CHAPITRE IV
AIR — AZOTE

Air.	34	État naturel.	41
Expérience de Lavoisier.	34	Préparation.	42
Composition de l'air.	35	Propriétés.	43
L'air est un mélange.	38	Usages.	44
Propriétés et applications.	39	Résumé.	44
Azote.	41		

CHAPITRE V
ÉLECTROLYSE DU CHLORURE DE SODIUM

État naturel du chlorure de		Électrolyse.	47
sodium.	45	Résumé.	49
Propriétés.	46		

CHAPITRE VI
CHLORE — SODIUM

Chlore.	50	Usages.	60
État naturel.	50	Sodium.	60
Préparation.	50	État naturel et préparation.	60
Propriétés physiques.	54	Propriétés et usages.	61
Propriétés chimiques.	55	Résumé.	62
Caractères.	59		

CHAPITRE VII
SOUDE CAUSTIQUE — CHLORURES DÉCOLORANTS

Soude caustique.	63	Chlorures décolorants.	66
Préparation.	63	Composition.	66
Propriétés.	64	Préparation.	66
Fonction basique.	65	Propriétés et usages.	67
Usages.	66	Résumé.	68

CHAPITRE VIII
ACIDE CHLORHYDRIQUE — LOI DES VOLUMES

État naturel.	68	Composition. Loi des volumes.	75
Préparation.	69	Usages.	75
Propriétés physiques.	71	Fonction acide. Fonction sel.	76
Propriétés chimiques.	72	Chlorures.	77
Caractères.	74	Résumé.	78

CHAPITRE IX
CORPS SIMPLES — CORPS COMPOSÉS

Analyse immédiate.	79	Corps simples. Métaux et métalloïdes.	87
Corps purs.	83	Loi de la conservation de la matière.	88
Analyse chimique.	84	Loi des proportions définies.	89
Synthèse.	85	Résumé.	90
Différences du mélange et de la combinaison.	86		

CHAPITRE X
NOTATION CHIMIQUE — NOMENCLATURE

Symboles des corps simples.	91	Atomicité.	93
Poids atomique.	92	Équations chimiques.	95
Volume atomique.	92	Fonctions chimiques.	96
Tableau des poids atomiques.	92	Nomenclature des composés.	97
Formules des corps composés.	93	Premières notions sur la valence.	100
Poids moléculaire et volume moléculaire.	93	Résumé.	101

CHAPITRE XI
PROBLÈMES

Densités à l'état gazeux.	102	Réactions en poids.	104
Réactions en volume à l'état gazeux.	103	Réactions en poids et en volume.	105
		Résumé.	107

CHAPITRE XII
SOUFRE

État naturel. . . . . 107 | Propriétés chimiques. 114
Extraction. . . . . 108 | Usages. 115
Propriétés physiques. . . . . . 112 | Résumé. 116

CHAPITRE XIII
ANHYDRIDE SULFUREUX

État naturel. . . . . 117 | Composition. 123
Préparation. . . . . 117 | Usages. 124
Propriétés physiques. . . . . . 120 | Acide sulfureux. 125
Propriétés chimiques. . . . . . 121 | Résumé. 125
Caractères. . . . . 123 |

CHAPITRE XIV
ANHYDRIDE ET ACIDE SULFURIQUES

Anhydride sulfurique. . . . . . 126 | Propriétés physiques. 133
Préparation. . . . . 126 | Propriétés chimiques. 134
Propriétés. . . . . 126 | Réactif et dosage de l'acide sul-
Usages. . . . . 128 | furique. 137
Acide sulfurique. . . . . 128 | Usages. 138
État naturel. . . . . 128 | Acides sulfuriques fumants. . . 138
Préparation. . . . . 128 | Résumé. 139
Industrie de l'acide sulfurique. 129 |

CHAPITRE XV
ACIDE SULFHYDRIQUE

État naturel. . . . . 140 | Caractères. 145
Préparation. . . . . 140 | Usages. 145
Propriétés physiques. . . . . . 142 | Résumé. 145
Propriétés chimiques. . . . . . 142 |

CHAPITRE XVI
ACIDE AZOTIQUE

État naturel. . . . . 146 | Caractères. 152
Préparation. . . . . 147 | Eau régale. 153
Propriétés physiques. . . . . . 149 | Usages. 153
Propriétés chimiques. . . . . . 149 | Résumé. 154

CHAPITRE XVII
OXYDES DE L'AZOTE — LOI DES PROPORTIONS MULTIPLES

Oxydes de l'azote. . . . . . . 155 | Résumé. 157
Loi des proportions multiples. . 155 |

CHAPITRE XVIII
AMMONIAC

Ammoniac. . . . . 157 | Caractères. 164
État naturel. . . . . 157 | Usages. 164
Préparation. . . . . 158 | Principaux sels d'ammonium. . . 164
Propriétés physiques. . . . . . 159 | Résumé. 166
Propriétés chimiques. . . . . . 161 |

CHAPITRE XIX

ACIDE PHOSPHORIQUE — PHOSPHORE

Acide phosphorique. 167
État naturel. Phosphates. . . 167
Préparation. 168
Propriétés. 169
Fonction chimique. 169
Phosphore. 170
État naturel. 170

Extraction du phosphore. . . 170
Propriétés physiques. 172
Propriétés chimiques. 173
Usages. 175
Phosphore rouge. 176
Résumé. 177

CHAPITRE XX

CARBONE — CHARBONS

Carbone. 178
État naturel. 178
Propriétés physiques générales. 179
Propriétés chimiques. 179
Charbons naturels. 181
Diamant. 181
Graphite. 183
Anthracite. 184
Houilles. 184
Lignites. 185

Tourbe. 186
Charbons artificiels. 186
Coke. 186
Charbon de cornues. 187
Charbon de bois. 187
Noir de fumée. 189
Noir animal. 190
Agglomérés. 192
Résumé. 192

CHAPITRE XXI

ANHYDRIDE CARBONIQUE

État naturel. 193
Préparation. 193
Propriétés physiques. 194
Propriétés chimiques. 196
Fonction chlorophyllienne. . . 197

Acide carbonique. 198
Caractères. 198
Composition. 198
Usages. 199
Résumé. 199

CHAPITRE XXII

OXYDE DE CARBONE

Formation. 200
Préparation. 200
Propriétés physiques. 202
Propriétés chimiques. 202

Caractères. 203
Usages. 203
Résumé. 203

CHAPITRE XXIII

SILICE

État naturel. 204
Préparation. 205
Propriétés physiques. 205
Propriétés chimiques. 206

Usages. 207
Silicates. 207
Gravure sur verre. 208
Résumé. 209

LA VERSION LATINE AU BACCALAURÉAT (*cl. de 3e A, 2e et 1re A, B, C*), par A. YRONDELLE, professeur au collège d'Orange. — Vol. 22/14cm, broché. . . . . . . 2 fr. »
Cartonné toile. . . . . 2 fr. 50

SYNTAXE LATINE-FRANÇAISE *en vue de la version*, à l'usage de toutes les classes de l'enseignement secondaire, par J. ESTÈVE, professeur au lycée Ampère, à Lyon. — Vol. 18/12cm, cart. toile. . . . . 1 fr. 50

LA COMPOSITION ALLEMANDE AU BACCALAURÉAT (*Materialien zu deutschen Aufsätzen*), par HENRY MASSOUL, ancien lecteur à l'Université de Gœttingue, professeur d'allemand au lycée Louis-le-Grand. — Vol. 22/14cm, illustré. 2 fr. 50

NEUE DEUTSCHE GRAMMATIK (*classes de 4e à 1re*), par H. MASSOUL. — Vol. 20/13cm, cart. toile. . . . 2 fr. 25

NOUVELLE ORTHOGRAPHE ALLEMANDE (Règles de la) avec *Vocabulaire*. — Broch. 20/13cm. . . . . 0 fr. 30
Texte officiel, avec Traduction française — Broch. 20/13cm de 83 pages. . . . . 0 fr. 75

THE NEW ENGLISH GRAMMAR (*cl. de 4e à 1re*), par J. R. LUGNÉ-PHILIPON, prof. au collège Rollin. — Vol. 20/13cm, cart. toile. . . . . 2 fr. 25

THE NEW ENGLISH RECITER (*cl. de 6e à 1re*), par J. R. LUGNÉ-PHILIPON. — Vol. 18/12cm, illustré, cart. toile. . 1 fr. 25

A VERY SHORT ENGLISH GRAMMAR, par J. MÉJASSON. — Vol. 18/12cm, cart. toile souple. . . . . 0 fr. 60

POESIE SCELTE (*cl de 6e à 1re*), par J. MARCHIONI, professeur au lycée de Nice. — Vol. 18/12cm, cart. toile. 1 fr. 50

IN ITALIA. TRA GLI ITALIANI, per G. PADOVANI, dottor in lettere dell' Università di Bologna. Vol. 18/12cm, illustré, cart. toile. . . . . 3 fr. »

H. VUIBERT *(24e année)*

ANNUAIRE DE LA JEUNESSE
Éducation et Instruction. — Écoles spéciales.

Un beau vol. 18/12cm de 1 200 pages, broché. . . . . 3 fr. 50
Relié toile rouge. . . . . 4 fr. 50

L'Annuaire de la Jeunesse est appelé à être entre les mains de tous les jeunes gens désireux de s'instruire et de tous les pères de famille.

La première partie : *INSTRUCTION*, est un guide comme il n'en avait jamais été publié. Il pourra servir aux pères de famille à diriger ou à surveiller les études de leurs enfants. En même temps il sera consulté par les personnes qui ont besoin d'avoir sous les yeux un tableau rapide, mais complet, de notre outillage scolaire.

La seconde partie : *ÉCOLES SPÉCIALES*, se distingue tout à fait, par son caractère et le champ qu'elle embrasse, des ouvrages qui ont été publiés jusqu'à présent sur les grandes écoles du Gouvernement. Les petites écoles y sont passées en revue aussi bien que les grandes et le point de vue historique est laissé de côté ; au contraire, on insiste sur les moyens de préparation à chaque école et sur la nature des débouchés qui s'offrent à la sortie. Le candidat sait ainsi où il va et peut se rendre compte de ses chances de succès.

Plans d'études et programmes
de l'Enseignement secondaire :

des JEUNES FILLES. — Édition conforme à l'arrêté du 18 juillet 1911. — Un volume 18/12cm. . . . . 1 fr. »
des GARÇONS. — Un vol. 18/12cm, de xii-235 pages. 10e édition. 1 fr. 75

On vend séparément :

Divisions Enfantine, Préparatoire et Élémentaire. . 0 fr. 40
Premier Cycle (*de la 6e A et B à la 3e A et B*). . . . . 0 fr. 50
Second Cycle (*Sections Littéraires*). . . . . 0 fr. 60
Second Cycle (*Sections Scientifiques*). . . . . . . 0 fr. 60

BOURSES DANS LES LYCÉES ET COLLÈGES
(*Enseignement secondaire des garçons et des jeunes filles.*)

Programme des examens. — Broch. 18/12cm. . . . . . . 0 fr. 25
Recueil des sujets donnés aux concours de 1890 à 1912 pour toutes les séries de candidats. — Vol. 22/14cm. . . . . . . 3 fr. 25

Programmes des conditions d'admission :

à l'*École spéciale des Travaux publics*. . . . . . . 0 fr. 30
à l'*École pratique d'Électricité industrielle*. . . . 0 fr. 30
à l'*École spéciale d'Architecture*. . . . . 0 fr. 30